宇宙で一番美しい
周期表入門
誰も知らない元素のミステリー

JN263195

小谷太郎

青春新書
INTELLIGENCE

はじめに

この世のいっさいを調合し、生み出す元素を網羅したものが周期表です。だれでも聞いたことのある炭素、酸素、水素から金銀銅、暮らしを支える鉄やニッケル、まっとうな日常生活を送っているならまずお目にかかることのない、テクネチウムにウンウンオクチウムまで、百十余の元素が整然と配置されています。

それぞれの元素は、なぜ周期表でその位置を占めるのか？
その原子番号、元素記号、族などの謎めいた属性には、どのような法則があるのか？
なぜ最右翼には、気体が列をなしているのか？
レアメタルは、ほかの金属となにがちがっているのか？
ランタノイドとアクチノイドという一群は、どうして表から閉め出されているのか？
なにか悪いことでもしたのだろうか？

本書はこうした疑問に答え、周期表を読み解き、その成り立ちと使い方を解説する試みです。周期表を説明することはすなわち元素を説明することですから、有名どころや変わり者の元素など、いくつか取り上げてエピソードとともに紹介します。

あなたの見聞き、感じるものすべて元素からなるわけですから、極論すれば、なにを語ろうが元素の話になるわけです。

たとえばあなたが手にしたこの本を例にとれば、パルプはセルロースからできていて、つまり炭素と酸素と水素がもつれ合う分子の鎖です。セルロースは今朝のご飯すなわち炭水化物とほとんど同じ分子構造を持ち、セルロースと炭水化物は、オーストラリアの森林か東北の水田か、生まれ育ちは異なるものの、いずれもみどりの葉っぱが太陽を浴びつつ合成したものです。

そしてその炭素、酸素、水素のそもそもの起源はと問えば、宇宙開闢《かいびゃく》のビッグ・バンあるいは名も知れぬどこかの星の奥底で、クォークやらヘリウムやらがぶつかり合って生まれた原子が宇宙空間をさまよって、流れ着いた先がコアラのぶら下がるオーストラリアの林や、カエルの歌ひびく東北の田んぼだったというわけです。

元素組成や起源の観点からは、本書も米もコアラもカエルもあなたも筆者も似たような物で、ちがいは元素の調合のさじ加減にすぎません（だからどこから話を始めても、宇宙開闢の元素合成までさかのぼる羽目になるというわけです）。

こういう見方をするならば、生命から始めても、無生物から始めても、人工の製品からでも自然の芸術でも、身近な物理でも遥かな天体現象でも、いっさいは元素に分解され、元素のドラマとして描かれます。

なにしろ、なにを語ろうが元素の話になるわけですから、あえて話は節操なく、貴金属の引き起こす悲喜劇、レアメタルと先物取引、毒の歴史、星の中で熟成する元素、人工元素をめぐる国家と研究者の確執……、広く脈絡なく話題を拾ってみました。これで千差万別超個性的な元素がひしめく周期表のイメージを感じられたら、筆者の意図が成功したと思し召しください。

『宇宙で一番美しい　周期表入門』●目次

目　次

図版・DTP　ハッシィ

序章　周期表には美しいヒミツがある

元素の法則を探せ！

18世紀まで、人類に知られている元素は14種類だけでした。18世紀中に新たに14種が見つかり、その数は倍になりました。19世紀の最初の10年にはさらに10種以上が発見され、その後も数年に1種の割合で新元素が報告され、1868年までには元素の種類は六十余にもなりました。元素の発見ラッシュといえます。1868年という半端な年で区切るわけは、すぐにわかります。

この元素ラッシュによって、元素の研究はある意味困ったことになりました。そもそも元素は基本となる材料物質で、この世のさまざまな物質はいくつかの元素を調合して作られるはずです。元素の探求は、複雑な世界を単純な要素に分解する意味を持つわけです（この複雑な世界が、実は数種類の単純な要素の組み合わせで成り立っているという考えを「元素の思想」と呼ぶことにしましょう）。

それがこうも雨後の竹の子のごとく元素が出てくるのでは、元素を探しても世の中が単純になりません。まるで新しい鉱石を分析するたびに新しい元素が見つかるかのようです。ひょっとして元素の数に限りはないのでしょうか。だとすると、これは元素の思想的危機といえるでしょう。

思想的危機といっても、当時の化学者・研究者の間に危機感が広がっていたということはもちろんありません。むしろ次から次へと新元素が発見される状況は狂躁《きょうそう》的な活気に満ちていました。

だれもが新元素の発見者となるべく実験室に泊まり込んで、鉱石を砕いたり、るつぼを熱したりと実験にいそしみ、その結果、おかしなにおいや酸の焦げ目を服につけては妻に嫌がられていました(*)。

問題は、この100種にも達するいきおいで増え続ける元素の群れを支配する法則が、はたして存在するのだろうかということでした。元素の中には窒素や塩素のような気体もあれば、水銀のような液体もあります。酸素やフッ素のように他の元素を錆《さ》びさせたり腐食させたりする厄介者もあれば、金のように他とほとんど反応しない孤高の金属もあります。セレンとテルルのように双子のごとくそっくりな元素があるかと思えば、水素のようにだれとも似つかない変わり者の元素もあります。この一見無秩序な個性の集まりを律する法則がもしあれば、次に発見される元素を予測し、元素どうしの反応を制御することが可能になるはずです。

それともそのような法則は存在せず、塩と水を混ぜ合わせればいくらでも異なる濃度の塩水が作れるように、いくらでも新たな元素が出現するのでしょうか。だとしたら、そのようなものを物質の基本と見なしていいのでしょうか。

新元素がどんどん増えていく状況下、だれもこうした疑問に答えられませんでした。元素はすべてを明らかにする法則を待ち望んでいたのです。

(*) いうまでもなく、当時の研究者のほぼすべてが男性でした。その全員が洗濯を妻に頼んでいたわけではないでしょうが。

周期があるにちがいない

ロシアの化学者ドミトリ・イヴァノヴィッチ・メンデレーエフ（1834〜1907）は、化学の教科書に載せるため、元素の並べ替えに苦心していました。どうすれば無数の元素を順序よくなにか意味のある並びにして、生徒に教えられるか、元素名の記されたカードを机の上にあれこれ配列させていました。

元素はさまざまな側面から分類できます。

単体、すなわち特定の元素だけの純粋な状態にした時に、固体になるか液体か気体か、つまり融点《ゆうてん》や沸点《ふってん》の温度で並べることもできます。密度や硬度《こうど》といった物理量の順に並べることもできます。鍵となる、ある物理量を使って分類したら、なにかの規則性が見えてこないでしょうか。どれがその鍵となる物理量でしょう。自然界における存在量はどうでしょう。あるいはもう秩序だてて並べるのをあきらめ、いっそ発見順やアルファベット順にしてしまったほうが、かえって生徒には覚えやすくて親切かもしれない。

試行錯誤ののち、メンデレーエフは元素のさまざまな物理量のうち、次のふたつに着目しました。

・原子量、すなわち原子の質量
・原子価、すなわち他の原子と結び付くための「手」の数

ここでメンデレーエフの生徒と同様、読者にも解説が必要でしょう。

当時、元素にしろ化合物にしろ、あらゆる物質は原子からなること、そして元素は1種類の原子の集合であることは、ほぼ理解されていました。たとえば水素原子Hが2個化合すると水素分子H_2を作り、この集合が水素ガス、すなわち水素という元素の単体です。水素原子Hと塩素原子Clが化合すると、塩化水素分子HClができ、これは元素ではなく化合物です。

原子1個の質量は、測定する技術がなく、まだわかりませんでした。しかし相対的な質量なら調べられます。

たとえば水素1gと塩素35gが化合して塩化水素36gを作るなら、水素原子の質量：塩素原子の質量＝1：35とわかります（正確には1：35・453）。このようにして原子の相対的な質量、すなわち原子量がそれぞれの元素について測定されていました。

もうひとつの鍵となる物理量、原子価とは、他の原子と結び付くための「手」の数です。たとえばリチウム原子Liにはこの手が1本あり、酸素原子Oには2本あると考えれば、これでリチウム原子2個と酸素原子1個が化合して酸化リチウムLi_2Oを作るのが説明できます（図0・1参照）。

タネを明かせば、原子は原子核と電子からできていますが、原子価はその電子の数に関係があります。電子の物理がわかっていない当時、原子価はあいまいで理解の難しい特性でした。ここではメンデレーエフの考えを整理して、酸素原子と化合した時の原子価を用いて説明します。

メンデレーエフが元素カードを原子量の小

［図0.1　酸素とリチウムの原子価］

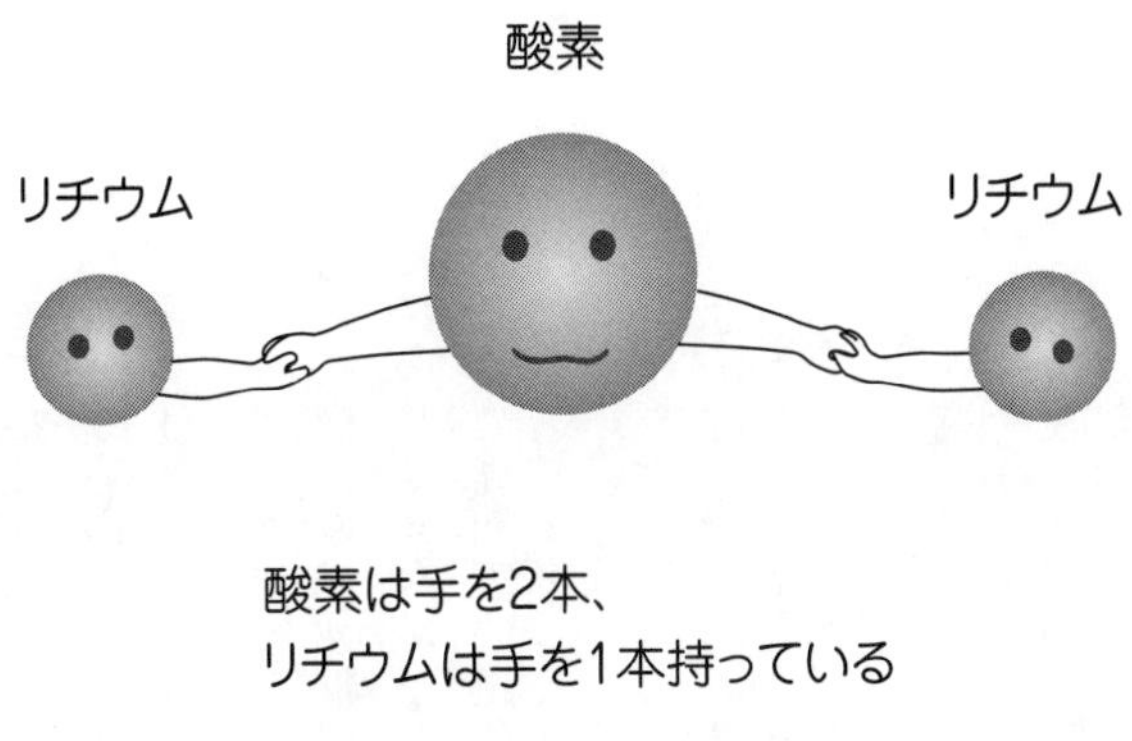

さいものから並べていくと、おやおやなんだか原子価が周期的に変化しています（図0・2参照）。リチウムの原子価は1、リチウムの次に原子量が小さいベリリウムBeは原子価2、その次のホウ素Bは3、炭素Cは4と増えていき、窒素Nで5、酸素Oで6、フッ素Fで7となって「1周期」巡ったことになります。あとはバリエーションを奏でつつ、この1→7、1→7という旋律の繰り返しです。ならば元素を原子量の順に横に並べ、縦に同じ原子価の元素を並べると、すべての元素を組織的に配列できるではありませんか(*)。

よっしゃあ、できた！　とメンデレーエフは叫んだにちがいありません。周期表の誕生です。後世の研究者は1868年2月17日のできごとと推定しています。

(*) 初期の周期表は、同じ原子価が横にそろうように、原子量順に上から下へ並べて、つまり、現在の標準的な周期表を90度傾けたものでした。もちろん本質的なちがいはありません。

[図0.2 メンデレーエフの作った原始的な周期表]

	原子価1 (R_2O)	原子価2 (RO)	原子価3 (R_2O_3)	原子価4 (RO_2)	原子価5 (R_2O_5)	原子価6 (RO_3)	原子価7 (R_2O_7)	原子価8 (RO_4)
1	H 1							
2	Li 7	Be 9.4	B 11	C 12	N 14	O 16	F 19	
3	Na 23	Mg 24	Al 27.3	Si 28	P 31	S 32	Cl 35.5	
4	K 39	Ca 40	エカホウ素 44	Ti 48	V 51	Cr 52	Mn 55	Fe 56 Co 59 Ni 59
5	(Cu 63)	Zn 65	エカアルミニウム 68	エカケイ素 72	As 75	Se 78	Br 80	
6	Rb 85	Sr 87	Yt 88	Zr 90	Nb 94	Mo 96	エカマンガン 100	Ru 104 Rh 104 Pd 106
7	(Ag 108)	Cd 112	In 113	Sn 118	Sb 122	Te 125	J 127	
8	Cs 133	Ba 137	Di 138	Ce 140	—	—	—	————
9	(—)	—	—	—	—	—	—	
10	—	—	Er 178	La 180	Ta 182	W 184	—	Os 195 Ir 197 Pt 198
11	(Au 199)	Hg 200	Tl 204	Pb 207	Bi 208	—	—	
12	—	—	—	Tn 231	—	U 240	—	————

酸素原子と化合した時の原子価を用いている。不活性ガスがごっそりない。Yt(Y)、J(I)など、一部元素記号が現代とちがう。

予言された元素

実は原子量と原子価を使って元素を並べるところまでは、他にも思いついた研究者がいました。メンデレーエフの周期表の優れていた点、彼の名声をその後何世紀も揺るがない不動のものにせしめたミソは（*）、その表が空欄をふくむ不完全なものだったことです。

当時知られていた元素を原子量の順に並べていくと、周期的なはずの原子価がスキップするところがあります。図0・2のカルシウムのところで原子価は2から突如4に、亜鉛のところでやはり2から5に変わります。

メンデレーエフは、このスキップされたところには未発見の元素が入るのだと正しく解釈しました。

彼の周期表は将来発見される元素が入るための空欄がふくまれていたのです。

さらに大胆なことに、メンデレーエフはこの未発見の元素の性質を予言しました。未知の元素エカホウ素（仮名）は、原子量44で原子価は3、つまり三酸化二エカホウ素のような酸化物を作るであろう。エカアルミニウム（仮名）は原子量68で、単体の密度は5・9×10^3kg／m^3、融点は低いであろう。エカケイ素（仮名）は原子量72、密度5・5×10^3kg／m^3、単体の融点は高いが塩化物は液体であろう、というぐあいです。

　発表当初、この予言はあまり信用されなかったようです。ロシアにありがちな神秘主義《トンデモ》と誤解されたのでしょうか。実はメンデレーエフ自身も生きているうちに自分の予言が確かめられるとは思っていなかったふしがあります。

　ところが予言から4年後の１８７５年、エカアルミニウムの性質をそなえた元素が予言どおり見つかり、ガリウムと名付けられました。原子量は69・7で、まあだいたい予想の範囲内です。つづいて１８７９年、スカンジウムが見つかりましたが、これはエカホウ素にそっくりでした。１８８６年にゲルマニウムことエカケイ素が発見されました。メンデレーエフの予言した4番目の元素エカマンガンことテクネチウムはちょっと間をおいて１９３７年に発見（合成）されました。メンデレーエフの周期表を用いれば元素の性質が予測できるのです。

　ここにおいて、ついに人類は元素を支配する法則を手にいれたことになります。元素は周期表上にある位置を占め、その位置によって元素の性質は決定されるのです。メンデレーエフの名は世界にとどろきました。

　メンデレーエフはシベリアのトボリスクに14人兄弟とも17人兄弟ともいわれる大家族の

末っ子として生まれました。父は土地の高校長でしたがメンデレーエフが幼いころに視力を失い、以後母がガラス工場をたて、大変な努力で一家を支えました。メンデレーエフが高校を終えた14歳の時に父が死に、ガラス工場が焼失しました。ほとんどの兄弟は独立していたので、メンデレーエフの才能に気づいていた母はその機会にシベリアを離れ、メンデレーエフをペテルブルク大学に入れました。どうもモスクワ大学の入学には失敗したようです。大学をクラス一番の成績で卒業したメンデレーエフはフランスとドイツに留学したものの、ドイツでトラブルを起こして帰国し、ペテルブルク大学で講師になりました。

　メンデレーエフは気性が荒く、自由主義者で、平民を愛したと伝えられます。何回もの警告を恐れずに学生に対するロシア政府の圧迫を非難し、１８９０年には奨学金の増額を要求する学生運動を支持したために大学を罷免《ひめん》されました。しかしロシア政府はこの世界的な化学者を外国にも派遣して自慢せずにはいられませんでした。１９０６年、ノーベル化学賞を1票の差で惜しくも逃し、次の年に世を去りました。

(*) メンデレーエフの没後、まだ１００年しかたっていませんが、今後数百年にわたって彼の業績が称えられることはまちがいないでしょう。

現代の周期表

さてメンデレーエフが周期表の原型を考案してから１４０年ほどたちましたが、そのあいだに修正・改良も加えられ、最新の周期表は口絵０・０のようなものとなっています。まず、元素は原子量ではなく「原子番号」で順序付けられています。原子番号は原子にふくまれる陽子の数（すなわち電子の数）であり、１４０年前には知られていなかった物理量です。

元素の化学的性質は質量よりも電子の数で決まるため、元素は原子量よりも原子番号で分類したほうがよいのです。

原子にふくまれる「中性子」の数が多少ちがう原子があり、そういう原子は質量が多少ちがっています。

原子番号が同じだが質量のちがうそういう原子を「同位体」といいます。たとえば塩素には、やや軽い^{35}Clと、それより重い^{37}Clという同位体が存在します。

自然界に存在する元素はさまざまな同位体の混合物であるため、自然の塩素の原子量を測定すると^{35}Clの原子量35・0と^{37}Clの原子量37・0の間の35・４５３が得られます。このように、原子量は同位体の混合比に左右され、これは産地によって変わることがあります。

将来異星の文明と接触したとして、元素について会話することになったら、原子量を伝えるよりも、原子番号で元素を指定したほうがいいでしょう。相手の星ではたとえば塩素の同位体の存在比が異なっていて、原子量は36かもしれず、その場合原子量35・453と伝えても塩素とわかってもらえないかもしれません。

しかしどの星でも、陽子が17個含まれる元素といえば、20℃、1気圧のもとでうす緑の気体で、陽子11個のナトリウムと化合して立方体の結晶（塩化ナトリウム）を作ることは普遍的事実です（ただし向こうの星では塩素ガスは毒ではなく、酸素のかわりに呼吸しているといったちがいはあるかもしれません）。このように、元素の指標としては原子番号のほうが普遍的で本質的です。

メンデレーエフの最初の周期表は63個の元素を並べてありましたが、2007年現在では111個の元素が知られています。中には不安定な原子、人工の原子もあります。そういうものは自然界に同位体が存在しないので、原子量も定まりません。安定な同位体の存在しない元素は、寿命の長い同位体の質量数を（ ）にいれて記しました。

原子価を決めるのは外殻電子の配置だということがわかったので、現代の周期表では外殻電子の配置の（ほぼ）同じ原子が縦に並んでいます。

口絵０・０には電子の配置をすべての元素について記してあります。左下のほうに元素名が記されていなくてかわりに「ランタノイド」「アクチノイド」と書かれた欄がありますが、ここには外殻電子の配置が（ほぼ）おなじ15個の元素が入ります。ひとマスには書ききれないので、裏に並べました。

元素の性質は電子に聞け

原子価を軸に元素を配列した周期表の成功は、原子価が元素（原子）の本質にかかわる重要な量であることを示しています。周期表を手がかりに、原子価と原子の構造の研究が盛んに行なわれました。20世紀初頭になると、原子が－《マイナス》の電荷を持つ電子と＋《プラス》の電荷を持つ「原子核」からなること、そうしたミクロな粒子は、それ以前の物理の常識が全く通用しない奇妙な法則に従うことがわかってきました。ミクロな世界を説明するため、ニールス・ボーア、エルウィン・シュレーディンガー、ヴォルフガング・パウリ、ヴェルナー・ハイゼンベルク、ポール・ディラック等々の伝説的な天才研究者がよってたかって量子力学という全く新しい物理体系を作り上げました。この量子力学は、電子工学や物性物理学という、化学に匹敵《ひってき》あるいはそれ以上に工学的応用性の高い分野に発展したのですが、その話はまたの機会に。

原子の構造を図0・3に示します。中心の原子核の周囲を電子が飛びまわっています(*)。電子軌道の半径は10^{-10}m程度で、とてつもなく小さいのです。中心の原子核はその10万分の1とさらに小さいのですが、原子の質量の99・9％以上は原子核に集中しています。

［図0.3　原子の構造］

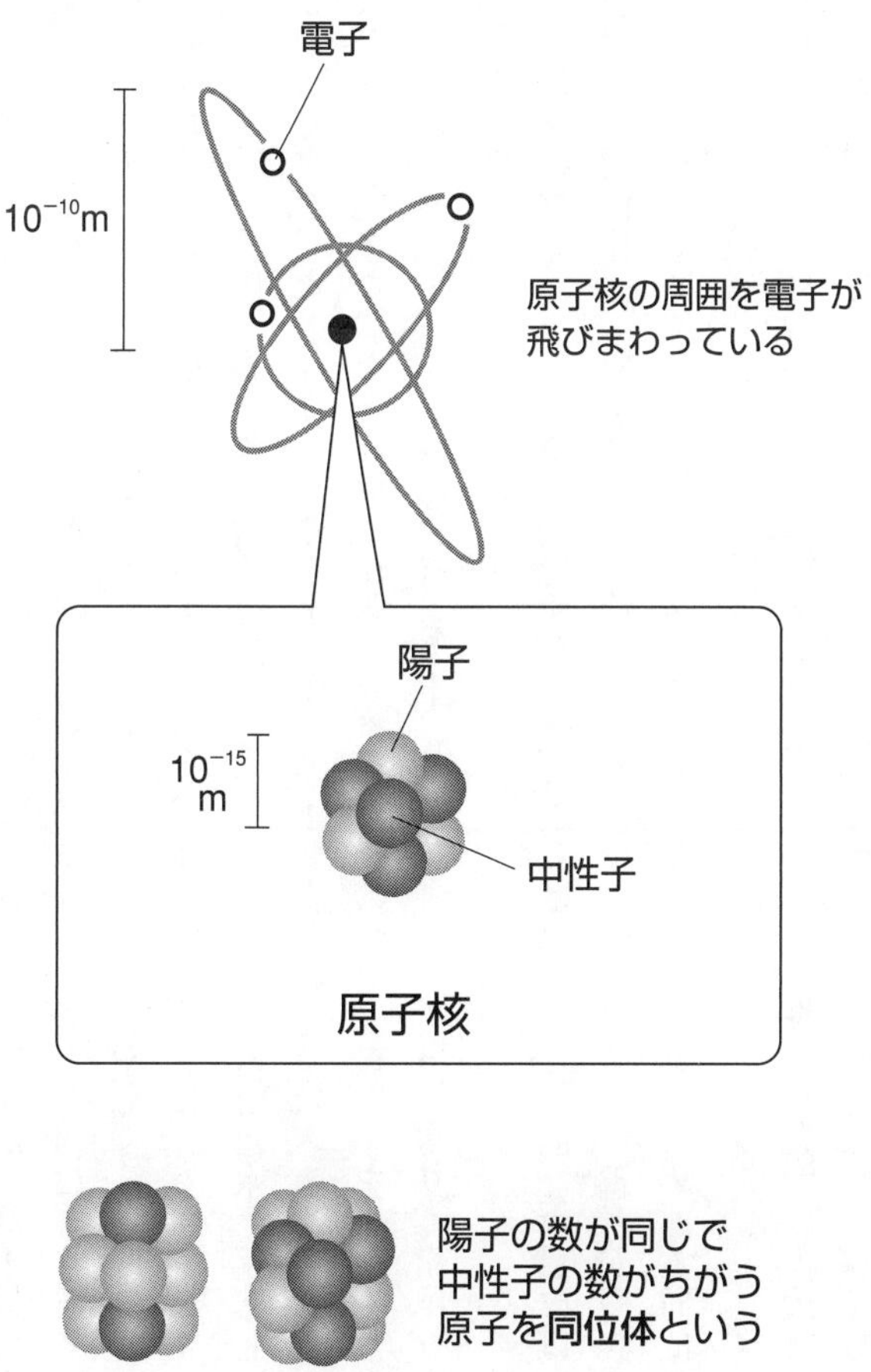
電子
10^{-10}m
原子核の周囲を電子が
飛びまわっている
陽子
10^{-15}
m
中性子
原子核
陽子の数が同じで
中性子の数がちがう
原子を同位体という

水素原子1個の質量は1・67737×10^{-27} kgと、ごく軽いものですが、原子核のような狭い領域にこの質量を詰め込むと密度は10^{17} kg/m^3、つまり水の数百兆倍になります。とてつもなく小さな値と大きな値が次々に出てきて、もうなにがなにやら。

電子1個は原子全体の質量の数万分の1を占めるだけですが、これが1個多かったり少なかったりで、原子の化学的性質は劇的に変わります。ナトリウムNaは水と反応して激しく燃える金属ですが、ナトリウムより電子と陽子が1個少ない元素はネオンNeで、これは不活性なガスです。また、ナトリウムから（原子核はそのままに）電子を無理やり1個もぎ取ると、これはスポーツ飲料に含まれるナトリウム・イオンNa^+になり、やはりナトリウムの単体とは似ても似つきません。

一方、非常識に重くて小さな原子核ですが、実はこれは原子の化学的な性質にほとんど影響しません。同位体は、原子核内の中性子の数が多少ちがう原子で、重さが微妙に異なっています。こういう同位体も化学的性質はほとんど変わらず、そのためある同位体だけを選り分けることは技術的に困難です。

核燃料を作るなどの目的で、ある同位体だけを得たい場合には、化学的な手法ではなく、遠心分離装置などに頼ることになります。それにくらべて、化学的な性質の異なる金属ナトリウムとネオン・ガスの混合物からナトリウムを選り分けるのは、たやすいというより、混合させるほうがかえって難しいくらいです。

　現在、核兵器開発に使用されることを恐れて各国政府は遠心分離技術（とその他ハイテク）の輸出を規制しています。日本政府の場合、北朝鮮、イラン、イラク、リビアを特に懸念4カ国として挙げています。

　このような規制の根底には、原子核内部のちがいが原子の化学的な性質にほとんど影響しないという物理的事情があるわけです。

　もし化学的な手法で同位体が選り分けられるなら、核燃料は比較的ローテクな化学プラントによって精製できることになります（核兵器開発のためには核燃料の精製の他にもさまざまな技術的課題を解決しないといけませんが）。そうなると核兵器開発が容易になり、あの国が核兵器を持っちゃダメという思惑のある各国政府の悩みは深まったでしょう。

　化学的な手法で同位体が選り分けられるとするなら、やはり化学反応で核反応も制御できそうです。すると生体活動に核反応を利用する生物、放射能火炎（というものが正確にどういうものなのか不明ですが）を吐くゴジラのような生物が生まれたかもしれません。原子核が元素の化学的な性質にも影響したらと想像すると、なんだかいろいろ物騒《ぶっそう》ですね。

(*) 量子力学の立場からいえば「飛びまわっている」というのは正確ではありません。ボールが飛びまわるのとちがい、電子の位置が時間とともに変化するわけではありません。軌道によっては電子が軌道角運動量を持たないので「まわっている」とはいえません。しかし、とりあえずこの段階の説明では電子に飛びまわらせておくことにしましょう。

誰でもわかる電子軌道のルール

電子配列を説明するには量子力学が必要なのですが、ここでは量子力学の深淵には足を踏み入れず、天下り的にそのルールを紹介しましょう。

図0・4を見てください。

（ルール1）原子核は電子の作る「殻」に何重にも囲まれている。

殻は、さらに「軌道」と呼ばれるいくつかの部品からできています。軌道はその角運動量（*）が小さい順にs、p、d、fと名付けられ、fのあとはg、h、i……とアルファベット順に呼ばれます。

s、p、d、fはそれぞれ「sharp（鋭い）」、「principle（主要な）」、「diffuse（広がった）」、「fundamental（基本の）」の頭文字で、これはもともとアルカリ金属のスペクトル上の輝線の呼び名であったということです。今となっては特に記憶に便利な略称というわけではありません。

筆者もs、p、d、fがなんの略か少々記憶があやしくて、先ほど調べなおしたくらいです。

殻のほうの名前はといいますと、殻は内側(**)から「K殻」「L殻」「M殻」……とアルファベット順に味気ない名前がついています。「1番目の殻」「2番殻」と呼ぶのにくらべ、初学者にとって便利なわけではないので、本書では使いません。

「軌道」という言葉からは天体の軌道や列車の軌道が連想されるかもしれませんが、電子軌道はむしろ映画館やスタジアムの座席を思い浮かべたほうが理解しやすいでしょう。

たとえば1番内側の殻のs軌道はスタジアム最前の列に相当し、そこには席が2個あるので電子が2個収容できます。

2番目の殻のp軌道は前から3番目の列で、席は6個あります。天体の軌道なら、地球と金星の間に新しい天体を運行させることができますが、電子の軌道だとs軌道とp軌道のすきまに別の電子を押し込むことはできません。席と席のすきまに座れないようなものです。

[図0.4　電子軌道]

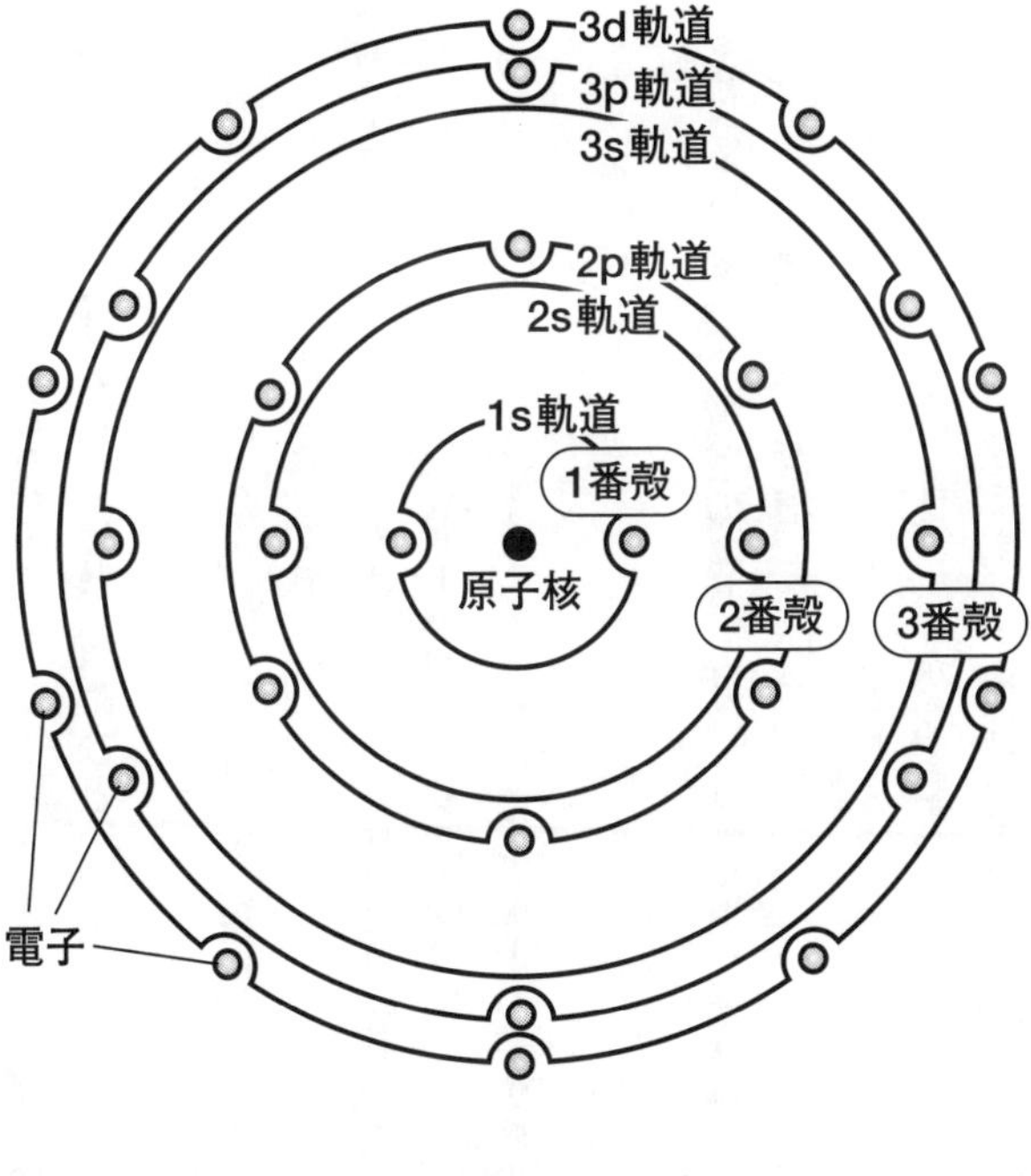

殻は軌道の集まり。軌道は電子のおさまる席

（ルール2）　1番目の殻はs軌道だけからできている。2番目の殻はsとpからできていて、3番目はsとpとd、以降ひとつずつ構成部品が増えていく。

どの殻がどんな軌道からできているか、それぞれの軌道にいくつの電子を収容できるかというルールは、量子力学を用いて導かれます。

そもそも量子力学はそのルールを記述するために発明された体系なのです。しかし波動方程式の球座標表示だとか、ルジャンドル陪関数だとか固有値だとかを、ずらずら並べて読者を威嚇《いかく》するのは本書の趣旨に反するので、ルールを量子力学から演繹《えんえき》するのはまたの機会に延期します。

（ルール3）　s軌道には2個の電子の席があり、p軌道には6個、d軌道には10個、以下、順に4個ずつ席が増えていく。

ルール2とルール3から、各殻の容量がわかります。1番目の殻はs軌道だけからできているので、2個の電子を収容できます。2番目の殻はs軌道とp軌道からできているのであわせて8個の電子を収容できます。3番目の殻は18個、4番目の殻は32個、n番目の殻は$2\times n^2$個の電子を収容できます。

(*) 角運動量がどういうものか知らなくても、ここでは差し支えありません。運動量やエネルギーと同様、ある物理量と思っておけばいいでしょう。

(**)「内側」といっても、各殻の占める領域は互いに重なりあっているうえ、量子力学の世界ではある殻に属する電子の位置を特定できないので、「1番目の殻の電子は2番目の殻の電子の内側にある」とは厳密にはいえません。が、ここでは「1番殻は2番殻の内側」としておきます。

周期表の決まりは単純だった

原子番号が1の水素Hから、順に元素を見ていきましょう。口絵0・0を眺めながら読んでください。陽子1個と電子1個からなる水素の場合、原子核のまわりにたくさんある電子軌道のうち、1番目の殻のs軌道に電子はおさまります。この軌道（1s軌道と呼びます）におさまると電子のエネルギーが一番低くなるからです。もしもエネルギーの高い他の軌道に電子をおくと、電子は光を放ってエネルギーの低い軌道に転げ落ち、しまいに1s軌道におさまります。

原子番号を水素からひとつ上ると陽子と電子が2個ずつのヘリウムHeになります。中性子の存在は原子核の内部事情なので無視しましょう。2個の電子は両方とも仲良く1s軌道におさまります。

水素とヘリウムは周期表の一番上の行の元素です。一番上の行をたどっていくと、1番目の殻に席は2個しかないので、これでこの殻は満室です。

さて原子番号3のリチウムLiになると、3番目の電子は1番殻が満室なので、2番目の殻が埋まっていくことになります。

殻のs軌道、2s軌道に入ります。空いている軌道のうち2s軌道が最もエネルギーが低いか

[図0.5 各軌道のエネルギー]

1殻	1s																		
2殻		2s	2p																
3殻				3s	3p		3d												
4殻						4s		4p		4d			4f						
5殻									5s		5p			5d			5f		
6殻												6s			6p			6d	
7殻																7s			7p
	H−He	Li−B	B−Ne	Na−Mg	Al−Ar	K−Ca	Sc−Zn	Ga−Kr	Rb−Sr	Y−Cd	In−Xe	Cs−Ba	La−Lu	Hf−Hg	Tl−Rn	Fr−Ra	Ac−Lr	Rf−Uub	Uut−Uuo

低い ← エネルギー → 高い

殻を構成する軌道をエネルギーの低い順に並べてある。ただし元素によっては、微妙に順番が異なる。たとえば46番元素パラジウムPdの4d軌道は5sよりもエネルギーが低いため先に埋まる。

らです。原子番号4のベリリウムBeで、2s軌道がいっぱいになります。原子番号5のホウ素Bから10のネオンNeまでは、電子は2番目の殻のp軌道、すなわち2p軌道を順に埋めていきます。ネオンで1番目と2番目の殻が満室となり、周期表の2行目が終わります。周期表2行目の元素は（電子の入っている）殻を2個持つのです。

周期表3行目のナトリウムNaからアルゴンArまでは、電子は3番目の殻の3s軌道と3p軌道を埋めていきます。そしてその3番目の殻の電子の配置は、2行目のリチウムからネオンまでの2番目の殻の配置と同じではありませんか。メンデレーエフが発見した周期がなんだったのかここにおいて明らかになります。リチウムからネオンまでの元素の外殻電子の配置はナトリウムからアルゴンで繰り返され、そのために元素の性質も繰り返されるのです。繰り返しの周期の8は、s軌道とp軌道に収容される電子の個数だったのです。

次の原子番号19のカリウムKは、3番殻が満室にならないうちに周期表の4行目に行ってしまいます。3番殻には3s、3p、3dの軌道があり、3dはまだ空なので、カリウムに加わった電子は3d軌道に入ればシンプルでいいものを、へそ曲がりなことにひとつ外側の殻に行ってそこの4s軌道におさまります。3dよりも4sのほうがエネルギーが低いためです。各軌道のエネルギーを図0・5に示します。そしてカルシウムCaで4s軌道が埋まってから、スカンジウムで3番殻の3d軌道に電子が入り始めます。亜鉛Znでようやく3番殻は満室になります。

3番殻がいっぱいになってから4番殻の4p軌道に電子が入り始めます。4p軌道が埋まっていく過程の、ガリウムGaからクリプトンKrまでの元素は、やはり周期表で2行目3行目の元素の性質を繰り返します。

周期表5行目の電子配置は4行目とそっくりです。4行目で電子は4s→3d→4pという順に席に着きましたが、5行目では5s→4d→5pという順になります。4行目と5行目の周期の18は、sとpとdに収容される電子の個数です。

まとめましょう。周期表の横の行数は殻の数です。1行目の元素は（電子の入っている）殻を1個持ち、2行目は殻を2個、3行目は殻を3個持ちます。今のところ、殻を7個持つ元素までが発見されています。

周期表の縦の列は、外殻電子の数、あるいは満たされていない軌道に入っている電子の数が等しい元素が並んでいます。外殻が満たされていない軌道に入っている電子が化学反応に寄与するため、このように並べると、化学的性質が似ている元素が縦にそろうことになります。

しかしこの規則にしたがって、見つかっている元素を正直に並べると、32列になってしまい、周期表の幅が実用的でなくなってしまいます。そこで周期表は18列として、下のほうにランタノイドとアクチノイドをはみ出させるのです（メンデレーエフが周期表を考え出した当時はランタノイドとアクチノイドは発見されておらず、したがって周期表のどこにどうやっておさめるか悩まなくてすみました）。

原子どうしがくっつく物語

原子どうしがくっつくことが化合です。化合の際には電子が重要な働きをします。働き方のちがいにより、化合はイオン結合、共有結合、金属結合の3種に大別されます。順に説明しましょう。

原子から電子をもぎ取るには外からエネルギーを注いでやらないといけません。もぎ取るのに要するエネルギーを「イオン化エネルギー」といい、元素によってちがいます。ナトリウムNa、カルシウムCaのような、周期表の左のほうにあるアルカリ金属は、些少《さしょう》のエネルギーで簡単にもぎ取られます。もぎ取られた原子は＋《プラス》の電荷を持つ陽イオンとなります。

中性の原子に余分な電子をくっつけてやると反対にエネルギーを放出します。ちょっぴりしか放出しない元素もあれば、フッ素Fや塩素Clのようにわりあい多くのエネルギーを放出するものもあります。余分な電子は空いている軌道におさまり、原子は－《マイナス》の電荷を持つ陰イオンとなります。フッ素や塩素などの周期表の右から2番目の列のハロゲンは、電子を1個もらうと外殻の空いている軌道が全部埋まります。

イオン化エネルギーの小さい原子と、電子をもらって大きなエネルギーを出す元素を近づけると、電子が前者からもぎ取られて後者に渡り、陽イオンと陰イオンになります。両者は静電力によってくっつき、結晶を作ります。これがイオン結合です（図0・6参照）。

塩化カリウムKClやフッ化セシウムCsFのような、アルカリ金属とハロゲンの化合物は、典型的なイオン結合です。周期表を眺めれば、どの元素とどの元素がイオン結合をするか実験する前に予想できるわけです。ちなみに化学式では電子を渡すほうの元素（K、Csなど）を前に、もらうほう（Cl、Fなど）をあとに書きます。

さて電子を同じくらい欲しがる原子（たとえば同種の元素）が化合する場合は、片方から片方に電子を渡してもさほど（全く）エネルギーは放出されず、イオン結合は使えません。

この場合、2個の原子の外殻の電子軌道が合成されて、両方の原子をまわる新しい軌道が生じます（図0・6参照）。原子に属していた電子が新しい軌道に移るとエネルギー的に安定になるなら、電子は両原子のまわりをまわる軌道に移り、両原子はくっついて離れなくなります。つまり化合するわけです。電子は両方の原子に共有されるので、共有結合と

[図0.6 イオン結合、共有結合、金属結合]

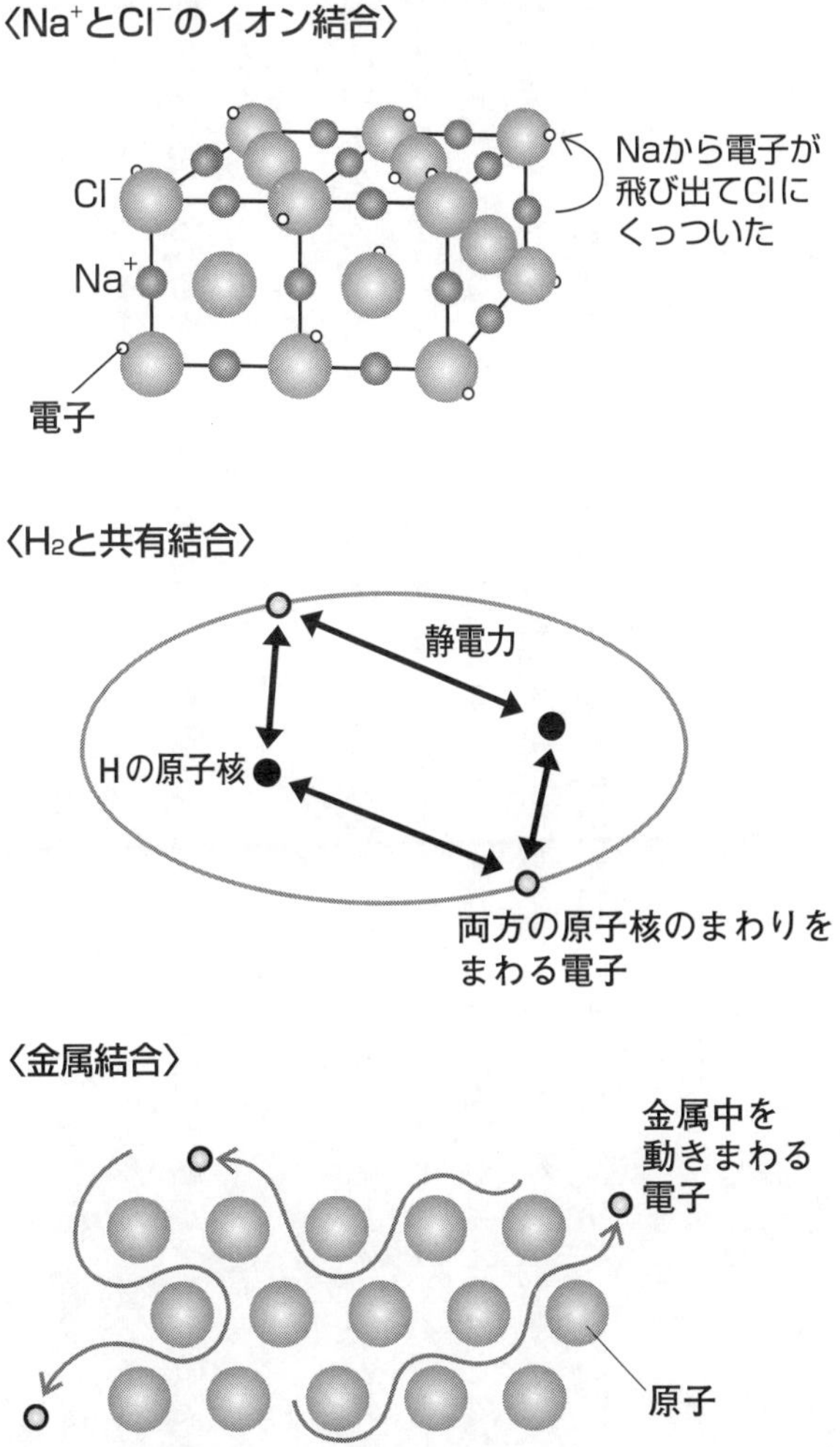

呼ばれます。
共有結合では、＋《プラス》の原子（核）と－《マイナス》の電子がひきつけ合い、そのため2個の原子（核）が離れられなくなります。子が仲をとりもったおかげで子連れで結婚、なんて微笑《ほほえ》ましい人間関係が連想されるかもしれません。しかし金属結合にそんな連想を働かせると微笑ましいなどといってはいられません。

金属結合する原子が集まると、2原子なんてみみっちい話ではなく、無数の原子の外殻の電子軌道が合成されて、無数の原子のまわりをまわる巨大な軌道が生じます。結果として無数の電子が広大なスペースを自由に飛びまわり、無数の原子は肉眼で見えるほどの集団を作ります。これが金属結合です。金属内を電子が飛びまわっているため、電流を通す、熱をよく伝える、電磁波を反射するなどの金属の性質が現われます。

周期表から生み出された複雑で美しい世界

さて、この世の複雑な物質はいくつかの単純な要素の組み合わせで説明できる、というのがそもそも元素の思想であり、元素の探求の原動力でした。ところが元素の探求を熱心にやりすぎて、元素が何十も見つかってしまい、元素は単純な要素でなくなってしまいました。

この複雑な元素群の背後の法則を、あるいは法則の存在を示したのがメンデレーエフの周期表でした。その正しさは、未知の元素の性質を予言するという劇的な形で証明されました。

周期表を手がかりに、原子構造の研究が進められ、原子は電子と原子核からできていることがわかり、それらミクロの粒子が従う新しい物理法則が明らかになりました。結局、元素の探求の結果、この世の複雑な物質は電子と原子核の組み合わせでできていることがわかったわけですから、これを元素の思想の輝かしい勝利とする見方もできるでしょう。

しかし原子核と電子という極めて単純な要素から、かくも個性的で豊かな元素群が作られるのはまったくの驚きです。電子の数が数個ちがうだけで、ほとんど反応しない元素になったり反対に激しく燃え上がったり気体になったり毒になったり、元素の性質はがらりと変わります。

そしてそういう個性を持つ元素群が作るこの世界は、さらにはるかに豊かなものにできあがっています。

元素の化学的性質は、物理法則を用いて原子番号からある程度予想できるかもしれませんが、その元素が自然界でどのような役割を果たしているか、原子番号から推測するのは難しいでしょう。ましてやその元素が人間社会でどんな活躍をしているかは、原子核と電子をいくら子細《しさい》に調べても、見当すらつかないでしょう。

我々は元素を支配する法則は一応入手したものの、その法則から生み出された複雑な世界には、支配などかなわず圧倒されるばかりです。

極めて単純な要素から生まれたはずのこの宇宙は、予測が極めて難しい代物なのです。

ではこの元素からなる圧倒的に複雑で豊かな宇宙と社会を、周期表という地図を頼りにこれから散歩してみましょう。

第1章　その時、元素が発見された！

～元素概念の結論

ギリシャ哲学、4元素説

この世の物質すべては純粋で単純な「元素」の混合物であるという元素説は、この世の物質はそれ以上分割できない「原子」の集まりであるという原子説とともに、古代ギリシャの哲学に起源を遡《さかのぼ》ることができます。

プラトンの無数の著作の中に、この世の物質が土、水、空気、火の4元素からできているという記述があります。アリストテレスによれば、これにエーテルという天界の元素が加わって5元素なのだそうですが、本質的なちがいはありません。

プラトンにしろアリストテレスにしろ、あるいは原子説のデモクリトスにしろ、こういう哲人たちの説は観察と実験によって確かめられたものではなく、よくいえば先験的、ひらたくいってあてずっぽうです。あてずっぽうなので当然はずれもあって、物質は火から興《おこ》ると考えたヘラクレイトスの説だとか、水から生まれるとしたタレスの説なんてのもありました。

こういう説のどれが正しいのか、当時の議論好きのギリシャ人は酒を呑みつつ盛んに意見を戦わせたのでしょうが、どれが正しいか（なにしろ実験しないので）決着はつかないまま、ぐでんぐでんになって終わってしまうわけです。

そういう酔っ払いの観念的な議論は、近代科学が発明されるまでの２０００年間つづくことになります。

プラトンやデモクリトスの考えは現代の理論に近かったため、彼らは現代でも高名なわけですが、残念賞のタレスやヘラクレイトスにくらべて科学的な手法に優れていたとはいえないでしょう。たまたま後世から見て当たった、あてずっぽうだというだけです。

まあ、こういう哲人たちの目的は科学ではなくて哲学ですから、現代科学に照らしてまちがっているとか合っているという批判は的外れでしょう。現代では、哲学者といえども科学に無知だと恥ずかしいですが、古代ギリシャにはそもそも我々の知っているような科学のメソッドがまだないわけですから、科学的でないといわれてもプラトンも困るでしょう。

さて古代ギリシャ哲学の一派によれば、この世は土、水、空気、火の４元素からできています。

たとえば木材は炎を上げて燃えて灰になりますが、これは木材が火と土でできているからと説明されるわけです。

また、この宇宙全体もこれら元素の重層構造となっています。図1・0に示すように、地球の中心は土の球からなり、その表面には水の層である海があり、そのまわりを空気の層が囲んでいます（ギリシャ人は地球が丸いことは理解していました）。

その外側には火の層があり、さらに外の天体は第5の元素エーテルからなるとする派もあります。石が下方に落ち、炎が上方に舞い上がるのは、土の球が足下にあり火の層が頭上にあるこの世の構造の原因または結果として説明できます。

おわかりのように、古代ギリシャ哲学の4元素説は、「元素」という言葉は同じですが、近代的な元素の概念とはかけ離れています（強いていえば、固体、液体、気体という物質の三状態の概念に似ているでしょう）。

かけ離れてはいるのですが、複雑な合成物も基本的な要素に分解でき、単純な要素から宇宙が説明できるという、その思想というか信仰というか、一種の思考様式のようなものが、古代ギリシャの4元素説と近代的な元素の概念に共通なのでしょう。

ついでにいえば、4元素説と似たような哲学は中国の五行説、マオリ族の神話など、世界のいたるところで（おそらく独立に）考案されています。ヒトの思考は意外にバラエテ

［図1.0 4元素説宇宙図］

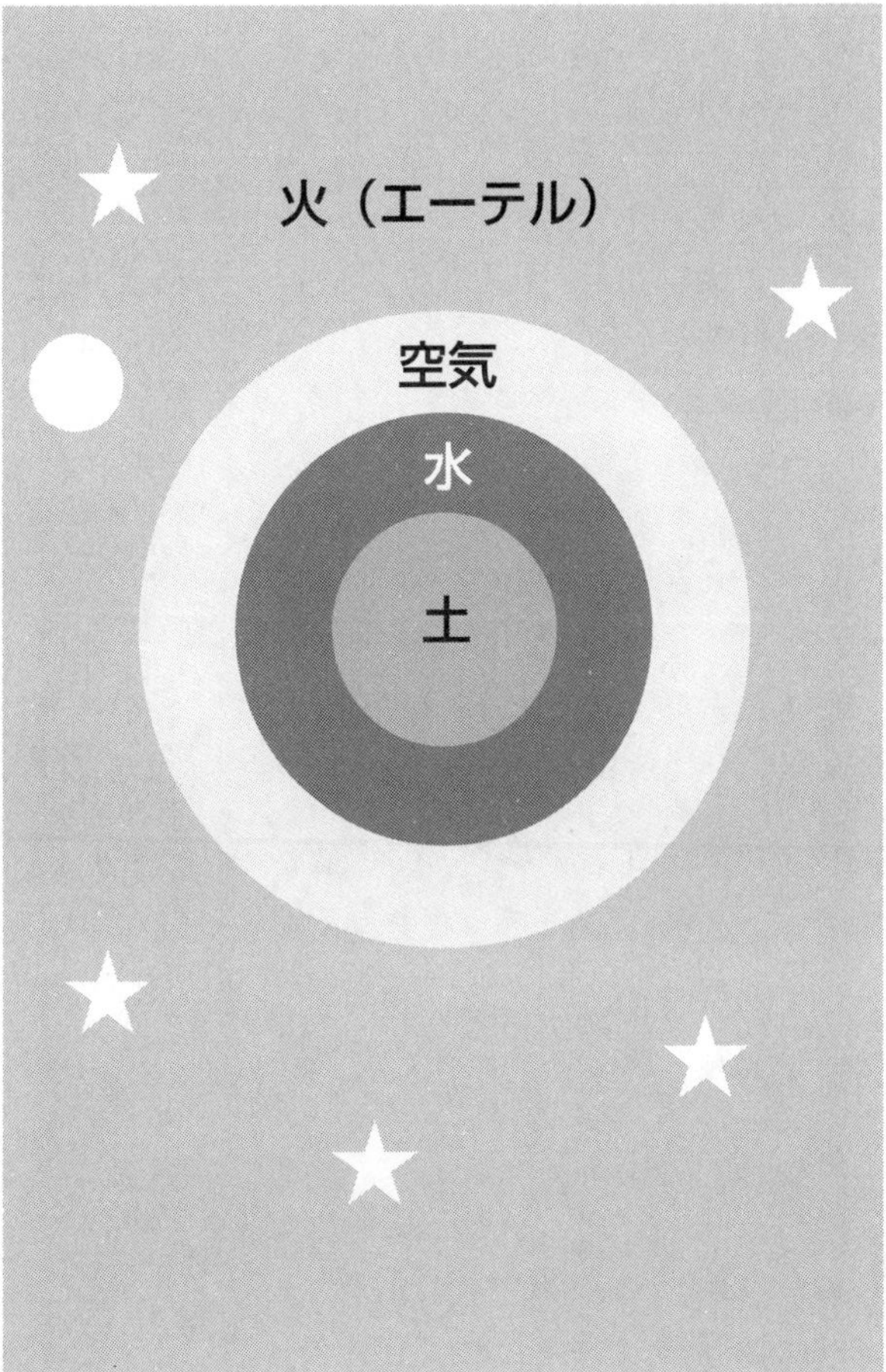

ィに欠けて画一的なんですね。

　こうしてみると元素、すなわち基本的な要素の探求は、古代ギリシャあるいはそれ以前の神話的時代から、つまり２５００年以上に渡って、ほとんど本能的に行なわれてきたといえるでしょう。

火の元素!?

科学の偉大な祖アリストテレスをはじめとする古代ギリシャ哲学の教える4（5）元素のうち、やや異質な火の元素とエーテルについては、現代の観点から解説を加えておきましょう。残りの土と水と空気は、元素ではなく化合物・混合物であることを近代科学は知っており、それぞれどんな元素からなるかも明らかにされています。しかし火の元素とエーテルは、周期表上の元素を混ぜ合わせても作ることはできません。

身もふたもなくいってしまえば、火の元素だとかエーテルなんてものはないのですが、4（5）元素説の強い影響を受けたヨーロッパ科学が、そんなものはありゃしないという結論に到達し、アリストテレスの呪縛《じゅばく》から解放されたのは、つい最近といってもよい出来事なのです。

18世紀の化学者は燃焼をつかさどる元素「フロギストン」を探し求めました。物の燃焼とは、物からフロギストンが出ていく現象なのだというのが当時の学説でした。これは、木材が燃える時には木材から火の元素が出ていくのだという4元素説とよく似ています。

つまりフロギストンとは当時の科学用語で火の元素をいいかえたものなわけです。

しかしフロギストンはなかなか見つかりませんでした（存在しないのだから当たり前です）。ヘンリー・キャベンディッシュ（1731～1810）は水素を発見しましたが、最初この爆発性の気体をフロギストンだと思いました。キャベンディッシュはついでに窒素も分離したようですが、この変わり者の学者（*）は（他の多くの発見と同様に）その結果をしまい込んで発表しなかったようです。

窒素の中では物が燃えないことが知られると、窒素はすでにフロギストンで飽和した空気なのだと考えられました。1771年に酸素が発見されると、この中では物がよく燃えるので、酸素はフロギストンをよく吸い取る「脱フロギストン気体」と呼ばれました。でもそれなら酸素の中で物を燃やしていくと、しまいにフロギストンでいっぱいになった酸素が窒素に変化してもよさそうですが、そうはなりません。

1775年、アントワーヌ＝ローラン・ド・ラヴォアジエ（1743～1794）は、こうした混乱を正し、フロギストンの存在を否定し、燃焼とは物質が酸素と化合することなのだと明らかにしました。

ところがそのラヴォアジェが挙げた元素のリストには、熱素（カロリック）という想像上の元素が含まれています。それによれば、熱素とは熱をつかさどる元素で、物が燃えて熱を発する時に放出され……。なんのことはない、これは火の元素です。

フロギストンなどなくてあるのは酸素なのだと喝破し、当時の化学者たちの目からウロコをぼろぼろ落としたはずのラヴォアジェは、火の元素を完全に消し去る勇気がなくて、こっそり元素の表に名前を変えて残しておいたのです。恐るべしアリストテレスの呪縛。

熱素が熱をつかさどるという（まちがった）説は、その後しばらく生きつづけました。熱の正体は熱素ではなく、分子運動であることが実証されたのは19世紀でした。

アリストテレスのもうひとつの遺産であるエーテルも、すがたかたちと解釈を変えて実に21世紀まで生き延びました。

アリストテレスがエーテルを5番目の元素として導入した「根拠」は、月や太陽があまりにも地上の物とちがっているというものでした。月や太陽は完璧な球形で、規則正しく地球のまわりをまわり、なんだか清らかな感じがするではありませんか（古代ギリシャ人は、地球のまわりをまわりましたが、地球が太陽のまわりをまわっているとは思っていませんでした）。天界の物体が地上の物理法則をまるで超越しているからには、地上と異なる元素でできているにちがいありません。

ところが17世紀に望遠鏡が発明されて見てみると、月は穴ぼこだらけ、太陽は黒点のシミだらけで、天体は完全だという幻想は砕け散りました。さらにアイザック・ニュートン（1643〜1727）が重力の法則を明らかにし、神秘的な月や太陽の運行が実は木から落ちるリンゴと同じ物理法則にしたがっているにすぎないことがわかってしまいました。こうなると天界が地上と異なる物質からできているなんておとぎ話は信じられません。

けれどもエーテルという言葉は、5番目の元素という元々の意味ではなく、光を伝える媒質の意味を持って復活します。18世紀から19世紀にかけて、光が音と同じく波であることがわかってくると、音を空気が伝えるように、光を伝える媒質がなにかあるのではと考えられました。これを「天界の物質《エーテル》」と呼ぶのは自然な成り行きでしょう。エーテルは宇宙を満たし、地球はその中を泳ぎ渡っていくのです。

19世紀末になると、エーテルの風（という実在しないもの）を検出する実験がことごとく失敗し、さらに1905年にアルバート・アインシュタイン（1879〜1955）が、かの有名な相対性理論を発表すると、もうエーテルという仮説はいらなくなりました。光は真空中を伝わり、その速度は観測者や光源が（エーテルに対して）どんな速度で動いていても一定なのです。

ところで１９７６年、ゼロックスの研究者がコンピュータ通信の新しい技術を考案し、光を伝える媒質《メディア》にちなんでそれに「エーテルネット」と名付けました。アメリカ風に発音すると「イーサネット」です。２００７年現在、イーサネット技術は数億台のコンピュータを結ぶインターネットを実現しています。今やこのエーテルは世界を満たし、我々はその中を（溺《おぼ》れそうになりつつ）泳いでいるわけです。この最後（？）のエーテルもまたいつか捨て去られることは確かですが、それがいつになるか、筆者にはわかりません。

(*) キャベンディッシュは天才科学者で資産家で変わり者でした。人づきあいが苦手で、特に女性を苦手としたようです。大きな屋敷には女の召し使い専用の出入り口が作ってあり、彼女たちが不運にも屋敷内で主人とはち合わせするとその場で解雇されたという伝説が残っています。屋敷の実験室で彼は数々の優れた発見をしましたが、その多くを発表しませんでした。死期が迫ったのを悟ると、孤独を愛した彼は召し使いにしばらく部屋を離れるように命じ、命令にしたがった召し使いが戻ってみると、すでに息を引き取っていたと伝えられています。

錬金術は可能か

さて話を実在する元素に戻しましょう。

ここで紹介するのは貴金属の中の貴金属、金Auです。金は古代に知られていた10種の元素（炭素、硫黄《いおう》、鉄、銅、銀、スズ、白金、金、水銀、鉛）のひとつで、錆《さ》びにくく、美しく、柔らかくて加工に適し、鉄や銅のような卑金属にくらべて希少で、そのため古今東西で通貨として用いられ、人間の欲望の対象、富の象徴とされてきました。

金にまつわる物語は、小は個人的な悲喜劇から、大は国家や民族の興亡まで、有史以来無数に生産されてきたことは読者も御存じのとおりです。

そんな金にとり憑《つ》かれた人々の物語で、中でもひときわ異色なのが錬金術です。錬金術は材料を調合することによって、または魔法によって、金を作る術とされます。錬金術はギリシャ、中国、インド、あらゆる古代文化圏

金

Au（「金」のラテン語"aurum"）

語源：「金《キン》」は8世紀以前に日本に輸入された字

原子番号：79

同位体：^{197}Au

起源：超新星爆発

存在量(質量比)：宇宙に9.32×10^{-10}、地殻に4×10^{-9}、人体に1×10^{-8}

に記録があります（どの文化圏でも人間の考えることは似たようなものです）。

中世ヨーロッパでは、王侯貴族をスポンサーとして、あるいは趣味として、錬金術が試みられました。奇妙な器具の並ぶ工房で、神秘的で難解な書物を繰りながら、健康に悪そうな煙をたて、秘密の実験を行なう錬金術師。そういうイメージが浮かびます。

錬金術は結局失敗し、だれ一人として（金を含まない原材料から）金を作り出すことはできませんでした。現代ではその敗因は明らかです。金は元素であり、合成することはできないからです。

錬金術師がなにを考えなにをしていたか、説明することは簡単ではありません。彼らは秘密主義で、どんな材料をどのように用いたか、わかりやすく記録することを嫌いました。他の人に真似されて金を作られたら困りますから。同時にその秘密主義は、金を作ることは不可能なのだという真実を隠蔽する機能も果たしていたでしょう（錬金術師にまつわるエピソードから判断するに、彼らの中には詐欺師が相当数ふくまれていたと思われます）。

ですから錬金術の書物は、知識の出し惜しみと、もったいぶった隠喩《いんゆ》に満ち、金を作れるという信念と作れないという事実の板挟みとなって混乱し、肝心の金の製法は秘法なので、ヒントを頼りに自分で探すようにとごまかしてあります。その典型的な文体はこんな感じです。

この例により、いかなる水銀を用いるべきか知らねばならぬ。それはすなわち尊重され、求められ、愛される樹、その中に太陽と月を同じようにふくむ樹である。
太陽と月は分離されれば何ものでもないが、一緒になったら肉体的に交わり、精神も交感する。湿性・冷性・乾性・熱性すべてはうまく調和して、水銀は硫黄に似、諸原質の中で安定して、元素は交流し内面的に結合する。（ニコラ・フラメル著、有田忠郎訳『象形寓意図の書・賢者の術概要』１９７７年、白水社）

正直いって、わけがわかりません。

錬金術は化学の基礎を築いたとして、肯定的にとらえる見方があります。錬金術の試みのおかげで、金こそ作れなかったものの、物質や化学変化に関する知識が蓄積されたという見方です。そもそも錬金術の失敗が、作り出せない物質、すなわち元素の存在を確かなものとしたのではありませんか。

それに対して、錬金術は化学にさほど貢献していないという指摘もあります。だいたい金が作れないなんてことは昔から常識であり、中世の文学や文献は錬金術師を愚か者か詐《さ》欺《ぎ》師と評しています。錬金術が化学にさほど貢献していない証拠に、錬金術師が発見した元素は砒素As、アンチモンSb、リンPの３種しかないといわれます。

ともあれ錬金術は17世紀には放棄され、かわりに化学（とついでに近代科学）が創始されます。

金銀銅は周期表では価格順

金Auを出したついでに銀Agと銅Cuも紹介しておきましょう。この3種の金属は貨幣金属とも呼ばれます。

銀は金と同様に古代から知られた金属で、金についで珍重されました。ただし銀は金よりも腐食しやすく、たとえば銀のアクセサリーをつけたまま硫黄分をふくむ温泉につかると、反応して硫化銀AgSとなり、黒く変色してしまいます。臭化銀AgBrが光に当たると分解されてAgに戻る反応を利用したのが写真フィルムです。銀Agに戻った部分は変

銀

Ag（「銀」のラテン語"argentum"またはギリシャ語"argyros"）

語源：「銀《ギン》」は8世紀以前に日本に輸入された字

原子番号：47

同位体：^{107}Ag　^{109}Ag

起源：超新星爆発

存在量（質量比）：宇宙に1.33×10^{-9}、地殻に7×10^{-8}、人体に10^{-9}以下

銅

Cu（「銅」のラテン語"cuprum"）

語源：「銅《ドウ》」は古代に日本に輸入された字

原子番号：29

同位体：^{63}Cu ^{65}Cu

起源：超新星爆発

存在量（質量比）：宇宙に8.40×10^{-7}、地殻に6×10^{-5}、人体に1.1×10^{-6}

色して見えます。

銅はわりあいありふれた安価な金属ですが、金、銀と同様に貨幣として用いられ、金、銀と同様にオリンピックのメダルとして選手の首を飾ります。1g当たりの価格でいうと、金は2500円、銀は50円、銅は0・85円です（2007年9月）。銅は格段に安いですね。

10円硬貨にふくまれる銅は4gなので4円程度です。10円玉は青銅製、銅とスズの合金です。

経済学によれば、価値のある金属が交換に使われたのが貨幣の起源だそうですが、そうすると10円硬貨に10円程度の価値の金属が使われるのが道理というものですね。現代では貨幣の額面は原料より高いのが普通です。

銅の価格が上がり、4gの銅が10円以上の価値を持つようになると、10円玉を溶かしてインゴットに変えて売れば儲かることになります。ただし現代では貨幣を損じることはたいていの政府が禁じています。

逆に硬貨が額面にくらべて安い金属でできていると、硬貨を製造して儲ける者が出てきます。これは政府機関が行なうと貨幣の発行ですが、個人でやると贋金《にせがね》作りです。

500円硬貨は7gの白銅（銅4分の3、ニッケル4分の1）でできていて、ふくまれる金属の価値は約3円でした（2000年）。1枚鋳造するごとに日本政府は497円の儲けです。一方、韓国の500ウォン硬貨も白銅製で重さもほとんど同じ7・7gでしたが、この額面価値は2000年の為替レートで50円でした。この500ウォン硬貨をちょっと削って7gにすると、だれが最初に見つけたのか、日本の自動販売機が喜んで商品やお釣りを吐き出すではありませんか。1枚につき450円の儲けは、日本政府ほどの利益率ではありませんが、ちょっとした小遣い稼ぎになります（いうまでもなく違法です）。たちまち500円硬貨作りは密かなブームとなり、あちこちの自動販売機から削られた500ウォン硬貨が転がり出てくる騒ぎとなりました。

2000年、500円硬貨の材質とデザインが変更され、この手口は使えなくなりました。しかし500円硬貨の原価は相変わらず10円程度のようで、金属の量にくらべて高すぎる額面は相変わらずです。

500円硬貨偽造は、偽造ともいえない家内手工業的な作品でしたが、天皇陛下御在位六十年記念金貨の偽造は、海外の秘密工場で組織的に行なわれたと考えられています。1

986年（昭和61年）に発行されたこの金貨は額面10万円でしたが、4万円程度の金しか使われていませんでした。

数年後、国外から持ち込まれたと見られる精巧な偽造金貨が見つかりました。日本銀行は知らないうちになんとこれを約10万枚ため込んでいました。60億円以上の荒稼ぎをした贋金作りの正体は今もわかっていません（日本銀行も騙《だま》された贋金のできばえからすると、カリオストロ公国の地下工場あたりが原産でしょうか）。

金銀銅は周期表上で縦に価格の順に並んでいます。口絵0・0の中央下あたりを見てください。第5章で説明するように、これら金属は超新星爆発で作られますが、この時原子番号が大きいほど、作られる量が少なく希少になるので、価格順に並ぶのです。外殻電子の配置は$d^{10}s^{1}$で似ています。

金銀銅が金属結合する時にはd電子も結合に寄与し、原子どうしをしっかり固定します。このため、融点が高い、酸化しにくいなどの、貨幣に適した性質が現われます。金銀銅が貨幣に使われる理由は周期表上に現われているというわけです。

元素を求めて火星まで？

古代には金銀銅の他、炭素、硫黄、鉄、スズ、白金、水銀、鉛のあわせて10種の元素が知られていました。もちろん、古代人はそれがのちに元素と分類されるとは知らずに利用したり、観察したりしてきたわけです。

このうちスズSnは銀白色の軟《やわら》かい金属ですが、これを銅Cuに少量添加すると性質のよい合金ができます。この合金は純銅よりもスズよりも硬く堅《けん》牢《ろう》です。そして融点は約900℃と、鍋や釜としての使用に耐えるほどに高く、かつ原始的な炉でも鋳《ちゅう》造《ぞう》できる程度に

スズ錫

Sn（「スズ」のラテン語"stannum"）

語源：「錫《セキ》」は8世紀以前に日本に輸入された字。「すず」の読みは語源不詳

原子番号：50

同位体：^{112}Sn ^{114}Sn ^{115}Sn ^{116}Sn ^{117}Sn ^{118}Sn ^{119}Sn ^{120}Sn ^{122}Sn ^{124}Sn

起源：超新星爆発

存在量（質量比）：宇宙に1.15×10^{-8}、地殻に2×10^{-6}、人体に3.0×10^{-7}

鉄

Fe（「鉄」のラテン語"ferrum"）

語源：「鐵《テツ》」は8世紀以前に日本に輸入された字

原子番号：26

同位体：^{54}Fe ^{56}Fe ^{57}Fe ^{58}Fe

起源：恒星内部の核融合、超新星爆発

存在量（質量比）：宇宙に1.27×10^{-3}、地殻に0.0502、人体に8.6×10^{-5}

低いものになります（といっても、古代人には貴重すぎて鍋や釜には使えなかったかもしれませんが）。純銅の融点は１０８５℃とやや高く、鋳造はそれだけ難しくなります。

このテクノロジーをだれがいつ開発したか定かではありませんが、イランでは紀元前３５００年、中国では紀元前２０００年の遺跡からこの合金製の細工が出土しています。この合金はその酸化物の色から青銅と呼ばれ、この合金製の鍋釜で煮炊きし、鍬で耕作し、髪飾りを細工し、刀を振り回していた文明は青銅器文明と呼ばれます。

一方、鉄Feは極めてありふれた金属で、地球の質量の3分の1を占めます。その辺の砂にも3分の1とまではいきませんが砂鉄が混じっています。磁石で砂場や砂浜から砂鉄を採るのは子供にとって楽しい経験です（ただし砂鉄をいっぱいに貯めたビンを家の中で引っくり返すとえらいことになるので注意が必要です）。このように宇宙に鉄が豊富な理由、だれが宇宙に鉄をぶちまけたのかという話は第5章でします。

鉄は豊富で安価でありながら硬く強靭《きょうじん》で、優れた素材です。しかし古代人にとって残念なことに、（純）鉄の融点は１５３５℃と極めて高く、これを加工して鉄器を量産するには進んだ技術が必要です（*）。木炭などの燃料に大量の酸素を供給する仕組みを発明しなければなりません。製鉄技術を手にした文明を鉄器文明と呼びます。紀元前12世紀には近東、インド、ギリシャの人々が鉄器文明入りを果たしたと考えられています。

鉄製の細工は青銅器時代やさらにはもっと古い遺跡からも出土しています。鉄鉱石を精錬する方法を知らない石器人や青銅器人は、どこから鉄塊を見つけてきたのでしょうか。どうも宇宙からのようです。

隕石《いんせき》にはしばしば鉄がふくまれます。鉄でできているといってもよい、鉄分の多いものもあって、隕鉄《いんてつ》と呼ばれます。そういう隕鉄の成分と、超古代の鉄製品の成分がそっくりなのです。おそらく何万年も前に地球に落ちてきて野ざらしになっていた隕鉄を古代人が見つけ、それが宇宙からの贈り物とは知らずに利用したのでしょう。そんな貴重な鉄製品は当時はおそらく宝石あつかいだったことでしょう。

一方、銅はといえば、ほとんど純粋な銅からなる鉱石が量は少ないですが、天然に産出します。おそらく人類が最初に触れて加工した銅は、そうした天然の純銅だったと考えられます。こちらはつまり地球の贈り物です。

自然銅も、もっと含有量の低い銅鉱石も、あるいは（砂鉄以外の）金属資源も、鉱床《こうしょう》の形で地球から人類に贈られます。鉱床は金属などの資源が濃縮されている地層です。マグマ性鉱床、海底でできる堆積《たいせき》性鉱床、温泉が地中や海底で反応してできる熱水性鉱床などいろいろな鉱床がありますが、いずれも火山活動の結果、熱や化学反応で元素が濃縮されたものです。

さて現在、人間は盛んに地下資源を消費しています。その勢いはとどまる様子がありません。このままでは枯渇《こかつ》するのではないかと心配されている資源もあります。地球からの贈り物を使いきったら、だれでもまず思いつくのは月の資源ではないでしょうか。

ところが月には火山がありません。月は誕生以来、火山活動した時期がなかったと考えられています。これでは月の鉱床は期待できません。月の地下資源はおそらく利用できないでしょう。

一方、火星には火山活動があると考えられています。また最近の探査機の調査によれば、どうやら15億年ほど前には海もあったようです。これならマグマ性鉱床も熱水性鉱床も、ひょっとしたら堆積性鉱床だって期待できます。

将来、地球の鉱床を掘り尽くした人類が、火星の鉱床に群がる日が来るかもしれません。火星がそれを喜ぶかどうかはわかりませんが。

(*) 純鉄の融点を必要としない精鉄もあります。

第2章　レアメタルはどこにあるのか？

～最先端電子機器のカギが眠る

レアでなくてもレアメタル

レアメタルを表2・0に挙げます。2007年現在、この31種の金属を、日本の経済産業省や石油天然ガス・金属鉱物資源機構はレアメタルと呼んでいます。希土類元素17種はまとめて扱われているので、元素の種類でいえば47種です。

どういう金属をレアメタルと見なすかという基準はわりといいかげんです。「rare metal」は直訳すれば「希少金属」ですが、オスミウムOsやイリジウムIrのように、存在量が少ないのに表2・0から落ちている金属がいくつもあります。

一方、チタンTi、マンガンMnなどは表2・0からわかるように地殻内には結構な量がありますが、有用な鉱石としての産出量が少ないという理由でレアメタルとされています。ランタノイドなどの希土類や、ニオブNbとタンタルTa、ジルコニウムZrとハフニウムHfは、化学的性質が互いに似かよっていて、鉱石から純粋な単体を分離して抽出《ちゅうしゅつ》することが難しく、そのため表2・0にいれられています。

そうすると役立つけれども得がたい金属をレアメタルと呼ぶのかなと思いたくなりますが、大して役に立たないセシウムCs、ルビジウムRb、タリウムTlなどもレアメタルと呼ぶそうなので、結局なにがレアメタルなのかよくわからないわけです。本書ではなにをもってレアメタルと見なすかという議論を避け「レアメタル＝表２・０に挙げた元素」という定義を採用しておきます。

[表2.0 レアメタル]

元　　素	地殻内の存在量(ppm)	価　格	主な用途	主な埋蔵国
リチウム Li	20	580円/(酸化リチウム1kg)	ガラス、冷媒吸収材、リチウムイオン電池正極材	チリ(81%)、米国、ロシア、中国(4国で99%)
ベリリウム Be	3	4500円/kg(2006)	ベリリム銅合金、X線検出器窓、原子炉構造体	データなし(採掘国は米国、ブラジル、ロシア)
ホウ素 B	10	55万円/kg	ガラス、ホーロー、防虫剤、医薬品	米国、ロシア、トルコ、中国、カザフスタン(5国で90%)
希土類	次節参照			中国、旧ソ連、米国、豪州、インド(5国で80%)
チタン Ti	4400	1300円(フェロチタン1kg)	合金、顔料、光触媒	中国、豪州、南ア、インド(5国で80%)
バナジウム V	140	4300円/(フェロバナジウム1kg)	鉄鋼、展伸材、超電導材、触媒	ロシア、南ア、中国(3国で100%)
クロム Cr	100	280円/(フェロクロム1kg)	ステンレス、合金、セラミックス	南ア(83%)、カザフスタン、ジンバブエ(3国で96%)
マンガン Mn	950	190円/(フェロマンガン1kg)	鉄鋼、合金、電池、磁性体、薬品	南ア、ウクライナ(2国で75%)

元　素	地殻内の存在量(ppm)	価　格	主な用途	主な埋蔵国
コバルト Co	26	6600円/kg	超硬工具、特殊鋼、磁性体、触媒	コンゴ（50%）、キューバ、ザンビア、豪州（4国で90%）
ニッケル Ni	76	3200円/kg	ステンレス、メッキ、触媒、磁性体、電池	ロシア、キューバ、カナダ、ニューカレドニア、豪州、中国（6国で75%）
ガリウム Ga	10	14万円/kg（2006）	LED、半導体素子、超電導材、マイクロ波特性、磁気感応性	データなし（採掘国はカザフスタン、フランス、ロシアなど）
ゲルマニウム Ge	1	87000円/(二酸化ゲルマニウム1kg)	蛍光体、半導体素子、触媒、健康サプリ	データなし
セレン Se	0.04	8800円/kg	乾式複写機感光体、顔料、太陽電池	チリ、アメリカ、カナダ、ザンビア（4国で55%）
ルビジウム Rb	93	240万円/kg	ガラス、触媒	リチウム製造の副産物として得られ、リチウムに同じ
ストロンチウム Sr	370	7400円/（炭酸ストロンチウム1kg）	ブラウン管ガラス、磁性体、花火	パキスタン（100%）（採掘国はスペイン、メキシコ、トルコなど）
ジルコニウム Zr	167	90円/(ジルコニウム鉱1kg)	耐火材、原子力燃料被覆管	南ア、豪州、ウクライナ（3国で80%）

元　素	地殻内の存在量(ppm)	価　格	主な用途	主な埋蔵国
ニオブ Nb	20	8000円/(高純度単体1kg)(2006)	鉄鋼、超伝導材、耐食材、ナトリウム・ランプ、コンデンサ、レンズ	ブラジル(94%)、カナダ(2国で98%)
モリブデン Mo	1.4	8087円/(モリブデン鉱1kg)	特殊鋼、合金、触媒	米国(45%)、チリ、中国、カナダ、ロシア(5国で90%)
パラジウム Pd	0.01	140万円/kg	水素化触媒、排ガス触媒、電子部品、宝飾品	白金参照
インジウム In	0.1	77000円/kg	低融点合金、蛍光体、透明電極、半導体素子	カナダ、中国、米国(3国で55%)
アンチモン Sb	0.2	650円/kg	合金、特殊鋼、難燃材	中国(38%)、ロシア、ボリビア、南ア(4国で90%)
テルル Te	0.01	15000円/kg	特殊合金、複写機感光体、書き換え可能DVD/CD、金属間化合物	米国、カナダ、ペルー(3国で20%)
セシウム Cs	3	500万円(高純度単体1kg)	メタアクリル樹脂用触媒、光ファイバ、光電素子	カナダ(70%)、ジンバブエ、ナミビア(3国で100%)
バリウム Ba	429	20万円/kg	X線造影剤、ブラウン管ガラス、コンデンサ、磁性体、顔料	データなし(採掘国は中国など)

元　素	地殻内の存在量(ppm)	価　格	主な用途	主な埋蔵国
ハフニウム Hf	4	260万円/(高純度単体1kg)	原子炉制御棒、ガラス、耐熱合金	南ア(60%)、オーストラリア(2国で80%)
タンタル Ta	2	17000円/kg(2006)	耐熱材、コンデンサ、超硬工具、原子炉制御棒	豪州、ナイジェリア、カナダ、コンゴ(4国で84%)
タングステン W	1	1890円/(三酸化タングステン1kg)	超硬工具、管球フィラメント、特殊合金、触媒	中国(44%)、カナダ、ロシア、米国(4国で75%)
レニウム Re	0.01	100万円/kg	Ni-Re超耐熱合金、合金、石油精製装置触媒	チリ(50%)、米国、ロシア、カザフスタン(4国で90%)
白金 Pt	0.01	550万円/kg	宝飾品、排ガス触媒、投資用製品、電子部品	南ア(90%)、ロシア、米国、カナダ(4国で99%)(白金族の鉱石のデータ)
タリウム Tl	0.4	15万円/(高純度単体1kg)	殺鼠剤、低融点ガラス	米国(8%)
ビスマス Bi	0.2	3700円/kg	低融点合金、金型用合金、磁性体、電子部品、触媒、高温超伝導	中国、豪州、ペルー、ボリビア、メキシコ(5国で60%)

元素の安全保障

日本ではレアメタルのうちバナジウムV、クロムCr、マンガンMn、コバルトCo、ニッケルNi、モリブデンMo、タングステンWの7元素を備蓄しています。石油や石油ガスと同様、レアメタルも安全保障上あるいは戦略上、備蓄が必要だと考えられているわけです。20

バナジウム
V（"vanadium"）
語源：スカンジナビアの女神「ヴァナディス」
原子番号：23
同位体：^{51}V
起源：恒星内部の核融合、超新星爆発
存在量（質量比）：宇宙に3.78×10^{-7}、地殻に1.4×10^{-4}、人体に2×10^{-8}

クロム
Cr（"chromium"）
語源：「色」のギリシャ語「クローマ」
原子番号：24
同位体：^{50}Cr ^{52}Cr ^{53}Cr ^{54}Cr
起源：恒星内部の核融合、超新星爆発
存在量（質量比）：宇宙に1.78×10^{-5}、地殻に10^{-4}、人体に3×10^{-8}

コバルト
Co（"Cobalt"）
語源：「地下の小鬼」のドイツ語「コボルト」。無価値な鉱石はこう呼ばれた
原子番号：27
同位体：^{59}Co
起源：超新星爆発
存在量（質量比）：宇宙に3.56×10^{-6}、地殻に2.6×10^{-5}、人体に2×10^{-8}

ニッケル
Ni（"Nickel"）
語源：「人を欺く小妖精」のドイツ語「ニッケル」。銅に似て非なる鉱石はこう呼ばれた
原子番号：28
同位体：^{58}Ni ^{60}Ni ^{61}Ni ^{62}Ni ^{64}Ni
起源：恒星内部の核融合、超新星爆発
存在量（質量比）：宇宙に7.34×10^{-5}、地殻に7.6×10^{-5}、人体に1.4×10^{-7}

モリブデン
Mo（"molybdenum"）
語源：鉱石「モリュブダエナ」
原子番号：42
同位体：^{92}Mo ^{94}Mo ^{95}Mo ^{96}Mo ^{97}Mo ^{98}Mo ^{100}Mo
起源：超新星爆発
存在量（質量比）：宇宙に6.19×10^{-9}、地殻に1.4×10^{-6}、人体に1.4×10^{-7}

07年現在で、独立行政法人の石油天然ガス・金属鉱物資源機構は、国内消費量の平均24日分を、民間企業は平均10日分を備蓄しています。同様の政策は米国、ロシア、中国などでも備蓄対象はやや異なりますが、行なわれているようです。

マンガンとタングステンについてはあとで解説することにして、残りの5元素について説明しましょう。

バナジウムは鉄鋼に添加すると靭性《じんせい》と耐熱性が増し、このバナジウム鉄鋼は吊り橋のケーブルなどに適します。消費量のほとんどはバナジウム鉄鋼が占めます。レアメタルらしい使い道としては、硫酸製造装置のための触媒《しょくばい》や、超電導材が挙げられます。ロシア、南アフリカ、中国の3国で埋蔵量の100％を保有しています。

クロムはステンレスの材料です。鉄とクロムとニッケルを混ぜると強く錆びにくいステンレスになり、我々の生活のあらゆる場面で使われています。またメッキもクロムの重要な用途です。南アフリカ、カザフスタン、ジンバブエの3国で埋蔵量の96％を保有します。

コバルトは合金や、鉄鋼に添加して特殊鋼、磁性体、超硬合金、触媒などに使われます。コバルト合金は航空機エンジンのタービンとして需要増が予想されています。またコバルトは磁性体であり、磁石の材料として多くが消費されます。埋蔵量の半分はコンゴにあり、上位4国で90％を保有します。

ニッケルはステンレス、メッキ、電池、触媒、磁性材、特殊鋼、合金などさまざまな用途に使われます。消費量にはステンレスが最も大きな割合を占めます。ニッケル―カドミウム電池、略してニッカド電池は広く普及していますが、消費量としてはステンレス用途にくらべて多くありません。地下資源は上位6国で4分の3を占めます。

モリブデンは鉄鋼、特殊鋼に添加することにより、高硬度、耐熱性、耐食性を持たせることができ、これが最大の用途となっています。重油の脱硫触媒や自動車の排ガス処理触媒としても、なくてはならない元素です。地下資源は米国が約半分を保有し、上位5国で90％を占めます。

こうしてみると、備蓄されているこれら元素はいずれも工業的な利用価値が高く、かつ地下資源が少数の国に集中していて、供給が不安定になる可能性があるものといえます。実際これまで、鉱山のストライキ、自然災害・事故、産出国の政策上の都合、新たな需要の発生などにより、供給が滞《とどこお》ったり価格が高騰したりしています。

ただしそういう不安定性はどの金属の市場にも多かれ少なかれ見られることであり、常に一定量が安定して供給される、価格変動もない金属なんてまずありません。

上記のレアメタルの利用法として、触媒が何回か挙げられています。触媒とは、他の物質の化学反応を助ける物質です。

たとえば硫酸を作るためには二酸化硫黄SO_2をさらに酸化させて三酸化硫黄SO_3にするのですが、この時、五酸化バナジウムV_2O_5が存在すると、SO_2はスムーズにSO_3へと変化していきます。この触媒作用は19世紀に発見され、さまざまな工業で必要とされる硫酸の大量生産を可能にしました。

一般に触媒は、化学反応する物質（この場合はSO_2）をいったん表面に吸収し、そこで化学反応しやすい状態に変え、見事化学反応が起きたら、生成した物質（SO_3）を触媒表面から放出します。クロム、コバルト、ニッケルの重油から硫黄酸化物SO_xを取り除く触媒機能やモリブデンの排ガスから窒素酸化物NO_xを取り除く触媒機能も、同様です。

よく似た17人兄弟、希土類

周期表で3族のスカンジウムSc、イットリウムY、それから口絵0・0の裏面に押し込まれたランタノイド15元素の、あわせて17元素を希土類と呼びます。希土類元素は外殻の電子配置がそっくりで、化学的性質もクローンかおそ松くんのようによく似ています。図

ネオジム
Nd（"Neodymia"）
語源：「新しい」のラテン語「ネオス」と化合物「ジジミア」。「新しいジジミア」の意
原子番号：60
同位体：^{142}Nd ^{143}Nd ^{144}Nd ^{145}Nd ^{146}Nd ^{148}Nd ^{150}Nd
起源：超新星爆発
存在量（質量比）：宇宙に3.02×10^{-9}、地殻に3×10^{-5}、人体に10^{-9}以下

サマリウム
Sm（"Samaria"）
語源：ロシアの採鉱官「サマルスキー」。彼の発見した鉱石が「サマルスキー石」
原子番号：62
同位体：^{144}Sm ^{147}Sm ^{148}Sm ^{149}Sm ^{150}Sm ^{152}Sm ^{154}Sm
起源：超新星爆発
存在量（質量比）：宇宙に9.82×10^{-10}、地殻に6.0×10^{-6}、人体に10^{-9}以下

ユウロピウム
Eu（"Europia"）
語源：「ヨーロッパ」
原子番号：63
同位体：^{151}Eu ^{153}Eu
起源：超新星爆発
存在量（質量比）：宇宙に3.74×10^{-10}、地殻に1×10^{-6}、人体に10^{-9}以下

イットリウム
Y（"Yttria"）
語源：スウェーデンの「イッテルビー村」
原子番号：39
同位体：^{89}Y
起源：超新星爆発
存在量（質量比）：宇宙に1.04×10^{-8}、地殻に3×10^{-5}、人体に10^{-9}以下

2・1は希土類の電子配置です。スカンジウムの外殻の電子配置は$3d^1 4s^2$、イットリウムは$4d^1 5s^2$、ランタノイドは$4f^X 6s^2$か$4f^X 5d^1 6s^2$です。Xは4f軌道の電子の数で、0～14です。ランタノイドは原子番号が増えるにつれて4f軌道を電子が満たしていき、Xが増えていきます。

ついでにいうとアクチノイドも外殻電子配列が$5f^X 6d^{0\sim3} 7s^2$で、希土類に似ているのですが、放射性元素であるためか、希土類にもレアメタルにも入れてもらえず仲間外れです。

ランタノイドの元素はあまりにも似かよっているため、分離が難しく、研究初期には数種のランタノイド元素の混合物が単体の元素だと思われることもありました。自然界にとっても、分離は難しいようで、たいていは混合物として産出し、これをイオン交換法などを用いてひたすら分離するのが単体の製法ということになっています。この方法だと原石にふくまれていたランタンLaからルテチウムLuまでの系列元素が全部分離されて得られるのですが、工業的に有用な売れっ子元素と、ほとんど使い道のない売れ残り元素が出てきてしまうのが、メーカーにとっては悩ましいところです。

売れっ子元素としては強力磁石に使われるネオジムNdやサマリウムSm、最近は液晶に押され気味ですが、ブラウン管の蛍光物質に使われるユーロピウムEuとイットリウムYなどがあります。いずれの用途も、元素の化学的性質が利用されるのではなく、内殻電子（軌道）の性質が利用されていることに注目しましょう。

ある物質が強力磁石になるかどうかは、電子のスピン（*）と電子軌道の角運動量の複雑怪奇な絡み合いで決まります。そしてこの絡み合いには、化学反応には普段あまり寄与しない内側の4f軌道の電子も参加して事態をいっそうややこしくし、時にはその物質の磁性をとびきり強力にする結果を生みます。

そういう大当たりを求めて研究者は希土類をふくめあらゆる素材を調合したり添加したり、日夜工夫にいそしむのです。

ある種の物質に光や粒子をあてるなどして刺激すると、物質内の電子が一時的にエネルギーを受け取って「励起《れいき》」され、それからエネルギーの低い状態に戻るとともに光を放出します。これは「蛍光」と呼ばれる現象で、特に受け取った光とちがう波長の光を放出する物質だとさまざまな応用がきき、身近なところでは蛍光灯、ブラウン管、洗濯洗剤（**）、夜光塗料、蛍光ペンなどに使われています。そしてランタノイドを含むある種の蛍光物質では、やはり内側の4f軌道の電子が関与することによって、輝度の高い赤色を発し、そのためブラウン管や蛍光灯に利用されています。

[図2.1　希土類の電子配置]

原子番号	元　素		電子配置		3d	4s	4d	5s	4f	5d	6s
21	スカンジウム	Sc	[Ar] $3d^1$ $4s^2$	[Ar]	●	●●					
39	イットリウム	Y	[Kr] $4d^1$ $5s^2$			[Kr]	●	●●			
57	ランタン	La	[Xe] $5d^1$ $6s^2$					[Xe]		●	●●
58	セリウム	Ce	[Xe] $4f^1$ $5d^1$ $6s^2$					[Xe]	o	●	●●
59	プラセオジム	Pr	[Xe] $4f^3$ $6s^2$					[Xe]	ooo		●●
60	ネオジム	Nd	[Xe] $4f^4$ $6s^2$					[Xe]	oooo		●●
61	プロメチウム	Pm	[Xe] $4f^5$ $6s^2$					[Xe]	ooooo		●●
62	サマリウム	Sm	[Xe] $4f^6$ $6s^2$					[Xe]	oooooo		●●
63	ユウロピウム	Eu	[Xe] $4f^7$ $6s^2$					[Xe]	ooooooo		●●
64	ガドリニウム	Gd	[Xe] $4f^7$ $5d^1$ $6s^2$					[Xe]	ooooooo	●	●●
65	テルビウム	Tb	[Xe] $4f^9$ $6s^2$					[Xe]	ooooooooo		●●
66	ジスプロシウム	Dy	[Xe] $4f^{10}$ $6s^2$					[Xe]	oooooooooo		●●
67	ホルミウム	Ho	[Xe] $4f^{11}$ $6s^2$					[Xe]	ooooooooooo		●●
68	エルビウム	Er	[Xe] $4f^{12}$ $6s^2$					[Xe]	oooooooooooo		●●
69	ツリウム	Tm	[Xe] $4f^{13}$ $6s^2$					[Xe]	ooooooooooooo		●●
70	イッテルビウム	Yb	[Xe] $4f^{14}$ $6s^2$					[Xe]	oooooooooooooo		●●
71	ルテチウム	Lu	[Xe] $4f^{14}$ $5d^1$ $6s^2$					[Xe]	oooooooooooooo	●	●●

●は外殻電子。内側の閉殻は、同じ閉殻構造を持つ不活性ガスで表わす。
$2p^3$は「2番殻のp軌道に3個の電子が存在する」ことを表わす。

希土類元素の工業利用には、必ず4f軌道など内殻の電子の特性が利用されるというわけではありませんが、内殻の電子の活躍する磁性や蛍光といった用途は希土類の真価発揮といえるでしょう。外側の電子配列が同じで化学的性質がそっくりな希土類元素も、内殻の電子に着目すれば、電子の数もエネルギーも角運動量も異なり、実に個性豊かに見えるわけです。

(*) 電子のスピンとはなんであるか、ここで説明することは放棄します。しばしば電子の自転にたとえられる、量子力学的な物理量といっておきます。値を測定すると+1/2か−1/2になって中間の値をとらない、x軸まわりの値を測定するとy軸とz軸の値が不確定になる等々、不可解な特性をさまざま示します。量子力学の教科書にはこのあたりが延々と記述されていて、初学者を途方に暮れさせます。

(**) 紫外線をあてると可視光で光る蛍光物質を白い衣服に塗っておくと、太陽光の下で「驚きの白さに」見えるということで、蛍光剤は洗濯洗剤や染料に使われています。

マンガン乾電池は地下に

マンガン乾電池でおなじみのマンガンMnは、鉄鋼を製造する時に添加され、酸素と硫黄を取り除くとともに鋼の強度を上げます。またアルミAlと混ぜ合わせてビールの缶にされます。乾電池としての消費量は、鉄鋼製造に使われる量の20分の1程度で、多くありません。また、マンガン乾電池よりアルカリ電池のほうが容量が大きいものが作れるので、だんだんシェアを奪われつつあります。

マンガン
Mn（"Mangan"）
語源：ギリシャの「マグネシア地方」からとれた「マンガネシア鉱」
原子番号：25
同位体：^{55}Mn
起源：超新星爆発
存在量（質量比）：宇宙に1.33×10^{-5}、地殻に9.52×10^{-4}、人体に1.4×10^{-6}

マンガンの地下資源は約7億tと見積もられ、そのうち半分が南アフリカに埋まっています。しかしそれを遥かにしのぐ膨大な量が海底に眠っていることがわかっています。マンガン・ノジュール（マンガン塊）です。

マンガン・ノジュールは水深5000mの広大な海底に転がる、直径数cmの金属塊です。その成分はマンガン（30%）、鉄Fe（6%）、ケイ素Si（5%）、アルミニウムAl

（3％）、ニッケルNi（1・5％）、銅Cu（1％）、コバルトCo（0・2％）等々で、総量は5000億tと推定されています。南アフリカの埋蔵量なんて目じゃありません。しかし南アフリカの鉱山関係者以外の人にとって残念なことに、この膨大な海底資源を利用することは、今のところ技術的に無理です。なんらかの技術革新があるまで、他のレアメタルの場合と同様に、しばらくは南アフリカとウクライナの鉱山会社に頼らなくてはなりません。

マンガン・ノジュールは海底で数千万年かけて生成したと考えられています。海水中の金属が微少な核の周囲に、海底火山の作用や微生物の働きなどにより析出《せきしゅつ》することにより、この金属塊は百万年で1cmくらいの速度でゆっくりと肥え太ってきました。中心核としては、放散虫や有孔虫、鮫の歯、玄武岩《げんぶがん》のかけらなどが見つかっており、意外なことに多くが生物起源のようです。

マンガン・ノジュールを資源として活用しようとは昔から叫ばれているのですが、本格的な開発にはいたっていません。大きな理由はやはり地下のマンガン鉱石を南アの鉱夫が掘り出すほうが安いからでしょう。

元素で投機

タングステンWは融点が高く、硬く、そのため超硬合金、特殊合金、電球などのフィラメントに利用されます。また脱硝触媒や脱水素触媒にも使われます。

炭化タングステンWCと鉄FeやコバルトCoやニッケルNiを焼結《しょうけつ》させると、超硬合金と呼ばれる極めて硬い合金ができます。これは工作機械や掘削機の刃になります。身近なところではボールペンのボールにもこの超硬合金が利用されます。携帯電話や携帯音楽プレーヤ、デジカメなどの小型電子製品を製造するには、基盤に0・1㎜程度のごく細い穴をあける必要があり、このため超硬合金のドリルが使われます。

タングステン
W（英語・ドイツ語名"Wolfram"）
語源：「重い石」のスウェーデン語「タングステン」
原子番号：74
同位体：^{180}W ^{182}W ^{183}W ^{184}W ^{186}W
起源：超新星爆発
存在量（質量比）：宇宙に6.19×10^{-10}、地殻に1×10^{-6}、人体に10^{-9}以下

　このように（他のレアメタル同様）先端技術に欠かせないタングステンは、（他のレアメタル同様）資源がひとにぎりの国に集中しています。埋蔵資源は中国が半分近くを保有し、上位4国で4分の3を占めます。そして生産は中

国が約8割を握っています。1980年ごろまでは中国の生産量は5割以下で、日本にも鉱山があったのですが、20年に渡ってタングステン鉱石の低価格がつづき、中国以外の鉱山は次々閉山してしまったのです。アンチモン、希土類の市場にも同様の問題が生じています。

中国に生産が集中したのちの2004年ごろから、中国の国内需要が高まりました。市場がそれを知ると価格は上がり、2005年には6ドル/(三酸化タングステン1kg)から15ドル/(三酸化タングステン1kg)と2倍以上になりました。

商品の需要が増えて価格が上がれば、生産コストの高い生産者も儲けを得ることができるので生産を始め、市場は取引量と価格の高い点に落ち着くというのが、価格決定の原理です。しかし(すぐに消費されるホウレン草やウナギとちがい)タングステンのような備蓄のできる商品の場合、その商品は投機の対象となります。つまり、将来の値上がりを見越して(*)、商品を買って備蓄する投機家が現われ、需要と供給のバランスだけでなく、彼ら彼女らの動向によって価格が上下することになるのです。

そして十分な資金と野心を持つ投機家・企業なら、さらに積極的に市場を操作することが可能です。複雑な部分を無視して大雑把《おおざっぱ》にいえば、投機対象を大量に買い、備蓄すれば、商品不足が引き起こされて価格が高騰し、大儲けができるのです。実際に酸化タングステンを購入して倉庫にしまうか、後日それを届けるという約束である「先物」を買うかは問題ではありません。問題は、品不足を演出できるほど大量に買えるかどうかと、(買い占め・市場操作は非合法なので) こっそりできるかどうかです。

取引量の少ないレアメタル市場は、このような価格操作に対して脆弱《ぜいじゃく》と思われています (もっと大規模な、たとえば銅の市場も操作された実例があります)。このような脆弱性も、レアメタルの安定した供給に関する不安材料のひとつです。

(*) 値上がりでなく値下がりを予測しても、その予測に基づいた投機方法があります。

第3章　生命活動の真実

～人間に必要な、毒!?

ヒ素…、どくいりきけん

１９９８年、和歌山市のある夏祭り会場で、カレーを食べた人々が腹痛と吐き気に襲われて病院に運ばれ、４人が死亡しました。犠牲者の吐瀉物からはヒ素Asが検出されました。

この事件はその被害の大きさ、夏祭りのカレーという日常的なアイテムとヒ素の意外な取り合わせ、捜査に先立つマスコミの犯人狩りなどのために人々の耳目を集めることになりました。世にいう和歌山毒カレー事件です。

ヒ素は周期表でリンＰの真下にあり、化学的な性質はよく似ています。リンは生命活動に欠かせない元素で、細胞内で無数の重要な反応にかかわっています。

生体内にヒ素が入ると、本来リンと反応すべき化学物質が、性質の似ているヒ素と反応してしまい、結果として生命活動が阻害《そがい》されます。これがヒ素が毒として働くメカニズムです。

ヒ素

As（ドイツ語名"Arsen"）

語源：「砒《ヒ》」の字は16世紀には中国(明)で用例あり

原子番号：33

同位体：^{75}As

起源：超新星爆発

存在量(質量比)：宇宙に1.24×10^{-8}、地殻に1.8×10^{-6}、人体に3×10^{-8}

リンとヒ素の化学的性質が似ているため、化学工場でも粗雑な製法だと分離できず、混入が起こり得ます。

１９５５年、森永乳業徳島工場で製造された「森永ドライミルクＭＦ缶」には、pH調整剤としてリン酸水素二ナトリウムNa_2HPO_4が加えられていました。新日本軽金属が製造し、仲介業者を経て森永乳業が購入したこのリン酸水素二ナトリウムには不純物としてヒ素化合物が混じっていました。

結果は身の毛もよだつ悲惨なことになりました。ヒ素混入が判明してその製品が販売停止となるころには、１３０人の乳児が死亡、1万２０００人以上が中毒症状を示しました。日本最大級の食品公害、森永ヒ素ミルク事件です。そして当時の厚生省の調査は、脳性麻痺・知的障害などの深刻な後遺症が現われることを見過ごし、死者25万円、中毒患者１万円の補償額を決めました。

後遺症が認識され、森永乳業側が最終的に法廷で有罪とされ、被害が正当に補償されるまでには18年もかかりました。その間の被害者たちの苦難は重すぎて、筆者には簡単にはとてもまとめられません。

ヒ素の毒性は古くから知られており、歴史にもフィクションにも（両者にはっきりした境界はありませんが）ヒ素の犠牲者は無数に登場します。

謀略うずまく中世宮廷ではこれが王族やセレブの御用達だったといわれます。一説によれば、銀Agの食器は毒を検出する検出装置だったそうです。当時のヒ素には不純物として硫黄Sがふくまれ、すると銀は硫黄と反応してAgSとなって黒く変色するので、カレーに加えられた致命的な隠し味を知らせるというわけです。実際にこの検知器によって、疑心暗鬼に駆られた父や、ややこしい継承問題をシンプルに解決したい兄弟の陰謀に気づいた王子王女がどれほどいたかはわかりませんが。

あたかも毒の代名詞のようなヒ素ですが、ヒ素化合物はマラリア、喘《ぜん》息《そく》、結核、その他の治療薬として使われていました。

毒殺の犠牲者からヒ素が検出されると、故人は治療のためにヒ素化合物を服用していたのだという主張がなされることもありました。

ナポレオン・ボナパルト（１７６９〜１８２１）は病死でなく、ヒ素で毒殺されたのだという説は、２００年にも渡ってささやかれている息の長い噂です。毒殺説を信じる研究者が、ナポレオンの遺髪を調べたところ、10ppm以上の濃度のヒ素が検出されました。これは毒殺の証拠ではないでしょうか。

しかしナポレオンが流刑に処される前の毛髪からは、もっと高濃度の39ppmのヒ素が出てきました。おそらく、これらのヒ素は当時の医薬品が起源で、（ナポレオン自身が信じていたような）セント・ヘレナ島の暗殺者が盛ったものではないと思われます。

結局こうした毛髪の分析からは、ナポレオン毒殺説を支持する証拠は見つかりませんでした。証拠がないから毒殺説が消え去る、とは限りませんが。

1851年には歴とした医学雑誌に、ヒ素は健康や美容によいものであって、オーストリアのある地方の農民はヒ素を食べているという論文が載りました。どうもこの説の出どころはただのホラ話だったようです。

しかし、ヒ素が美容サプリメントになるという説は、このようにしてアカデミックに権威づけられて広まりました(*)。毒殺事件の被告が、ヒ素を購入したのは美容のためだと主張し、無罪になったこともあったようです。

この種の、ヒ素＝美容サプリ信仰だとか、ヒ素＝健康サプリ信仰は、名前や元素を変えて歴史に何回も登場することになります。

(*) 実際にヒ素が化粧品として用いられたという記録は見当たりませんでした。イタリアでは17世紀に亜ヒ酸 As_2O_3 を含む「l'acqua tofana」(トファナ水)なる毒薬が販売される事件があったようですが、これは夫のDVに追いつめられた不幸な女性向けの商品で、化粧品ではなかったようです。トファナ夫人は逮捕され、600人の毒殺にかかわったことを拷問の末に自白し、処刑されたということです。

水銀博士の異常な腎臓

銀色の液体、水銀Hgは、毒のイメージが強い元素です。世界的に有名な公害、水俣病は有機水銀（$(CH_3)_2Hg$など）が原因でした。化学史上、何人もの研究者が水銀の蒸気を吸って寿命を縮めています。古代中国の皇帝は、不老長寿を望んで怪しげな薬を口にして、かえって早死するのが一種の伝統でしたが、その秘薬には水銀化合物がふくまれていたといわれています。

しかしそうした「常識」とは裏腹に、単体の水銀は少しくらい経口摂取しても死んだりしません（だからといって、飲んだりしてはいけません）。毒として有名なもうひとつの元素ヒ素とはその点がちがいます。

今ではすっかり電子体温計にとってかわられてしまいましたが、しばらく前には体温計といえばガラスの管に水銀を封じ込めたものでした。壊せば水銀のしずくが簡単に手に入るのですが、これを嫌いなクラスメートか教師の給食

水銀
Hg（水銀のギリシャ語"hydor argyros"）
語源：「水銀」の単語は16世紀には日本で用例あり
原子番号：80
同位体：^{196}Hg ^{198}Hg ^{199}Hg ^{200}Hg ^{201}Hg ^{202}Hg ^{204}Hg
起源：超新星爆発
存在量（質量比）：宇宙に1.73×10^{-9}、地殻に8×10^{-8}、人体に1.9×10^{-7}

に振りかけて学校の雰囲気を改善しようと思いつく子供がときおり現われます。するとだれかが自分のスープの底に銀色のつぶを見つけることになり、大騒動が引き起こされ、場合によっては警察や新聞記者まで話を聞きに来たりします。しかしどんな恐ろしい症状が現われることかと思えば、病院では健康に別状ないだろうといわれて、飲み込んだ子も振りかけた子もほっとすることになります。

水銀はメチル水銀などの有機化合物になった時、猛毒となります。通常の化学物質は脳に入り込むことがないようにうまく体の仕組みが食い止めるのですが、メチル水銀は防御を突破して脳内に侵入し、神経症状を引き起こします。また、水銀の蒸気を吸い込むと、肺で吸収されて血液に溶け、腎臓に蓄積されて障害を起こします。しかし単体では水にあまり溶けないので、体温計に使われている程度の少量を誤飲しても、病気を引き起こすほど腸から吸収されません(だからといって、絶対に飲んだり飲ませたりしてはいけません)。

人々に(有機)水銀の恐ろしさを印象づけたのは、なんといっても水俣病でしょう。しかしここでは、おなじく有機水銀によって引き起こされた悲惨な中毒事件でありながら、あまり世に知られていないイラクの水銀中毒事件を紹介しましょう。

1972年、イラク北部のクルド人地区の病院に、次から次へと奇妙な症状の農民が運ばれてきました。患者の手足はふるえ、舌はもつれ、視力・聴力低下などの神経症状を訴え、重症の者は意識障害を起こして死亡しました。

原因は、イラク政府が米国カーギル社から購入した麦の種籾《たねもみ》、約10万トンでした。種籾には防カビ剤として有機水銀が使われていました。もちろんそんなことをすればこの種籾は食べられませんが、これを蒔《ま》いて収穫された麦には問題になるほどの有機水銀は残っていないというわけで、当時はこのゾッとする手法がよく用いられました。まちがえて食べるのを防ぐため、袋には注意書きが記され、さらに種籾はピンクに染めてありました。しかしその注意書きはアラビア語ではなく、英語とスペイン語でした。

この種籾がイラク政府から農民のところに届いた時、それが猛毒であるという認識はそれほどうまく届かなかったようです。農民は注意書きが読めず、ドクロのマークも意味がわかりませんでした。実のところ、農民のほとんどはアラビア語も読めませんでした。問題の毒々しいピンクは、洗えば落ちることをだれかが発見しました。色素と同時に毒も落ちると誤解したのかもしれません。種蒔きのタイミングをはずして配給されたこの種籾は、このままではただの邪魔物ですが、粉に挽《ひ》けばパン生地になります。

結果として、6000人以上が入院し、少なくとも459人が死亡する有機水銀中毒が発生しました。イラク政府は種籾の回収命令を出し、この麦の売買をした人間に死刑を要求し、ついでに国外への公表を禁じました。回収できたのはほんの10%で、残りはおそらく、手元に残すと逮捕されるかもしれないと恐れた農民が川に捨てたものと思われます。

現在では、多くの国で有機水銀を防カビ剤に使うことは禁止、あるいは制限されています。実をいえば、１９７２年当時でも米国内では、このような処理をした種籾を売ることは禁じられていました。

一方で、水銀は古来からつい前世紀まで薬として処方されてきました。１９５３年まで、英国の幼児には甘汞《かんこう》Hg_2Cl_2をふくむ小児薬が与えられ、そのための中毒患者が絶えませんでした。クリストファー・コロンブス（１４５１〜１５０６）がアメリカ大陸から梅毒スピロヘータを持ち帰ると、水銀や昇汞《しょうこう》$HgCl_2$（有毒）がその新しく恐ろしい性病の治療薬として用いられました。すでに述べたように、古代中国皇帝は不老長寿の霊薬として水銀化合物を服用しました。皇帝陛下や梅毒患者には気の毒ですが、水銀が不老長寿や梅毒治療にさほど効果があったとは思われません。

水銀ドクターことトマス・ドーヴァー（１６６２〜１７４３）は、喘息や腸閉塞に約５

00gの水銀を飲むことをすすめました（*）。これまた大胆な処方ですが、ひょっとしたら、その重量のために腸閉塞にはなんらかの症状の打開が見られたのかもしれません（繰り返しますが、真似して飲んではいけません）。インチキ医療と糾弾《きゅうだん》されると、ドーヴァーは自分でも46年間に渡って水銀を飲んできたが、そのため全く健康だと答えました。これが本当ならドーヴァーがなぜ腎臓を痛めなかったのか不思議です。水銀の感受性には、個人差があるということでしょうか。

（*）トマス・ドーヴァーは、怪しげな水銀療法の普及に努める他に、海賊稼業も営んだ17～18世紀の有名人です。当時は外国の商船を強奪することは合法で、英国政府によって奨励されていました。水銀健康法をすすめたことからわかるように、医師としての能力は疑わしいですが、ドーヴァーの発明した風邪薬「Dover's powder」（ドーヴァー散）は19世紀までよく用いられたヒット処方となりました。ドーヴァー散には阿片《アヘン》が使われており、鎮痛効果などはあったようですが、20世紀に入ると阿片の依存性が問題視されて廃れました。

毒元素が必要な人間のヒミツ

ヒトの体内に存在する元素を表3・0に挙げます。

酸素Oと水素H_2は生体に欠かせない物質、水H_2Oを作り、炭素C、窒素Nはタンパク質や炭水化物の材料です。

体内のカルシウムCaのほとんどは骨に使われています。リンPはたとえば遺伝情報を記録するDNAやエネルギーを貯えるATPの構成部品です。

この上位6元素で、あなたの体重の98・5%を占めます。

7位からは体内の濃度が

セレン

Se（"Selen"）

語源：「月」のギリシャ語「セレネ」

原子番号：34

同位体：^{74}Se ^{76}Se ^{77}Se ^{78}Se ^{80}Se ^{82}Se

起源：超新星爆発

存在量（質量比）：宇宙に1.24×10^{-7}、地殻に4×10^{-8}、人体に1.7×10^{-7}

亜鉛

Zn（亜鉛のドイツ語"Zink"）

語源："Zink"の訳語として1840年頃には成立

原子番号：30

同位体：^{64}Zn ^{66}Zn ^{67}Zn ^{68}Zn ^{70}Zn

起源：超新星爆発

存在量（質量比）：宇宙に2.09×10^{-6}、地殻に7.1×10^{-5}、人体に2.9×10^{-5}

［表3.0：体内の元素］

(!) 必須元素
(?) 必須元素かもしれない元素

元　素		体内濃度（質量比）	体重50kg当たり
01 酸素	O (!)	6.50×10^{-1}	32.5kg
02 炭素	C (!)	1.8×10^{-1}	9.0kg
03 水素	H (!)	1.0×10^{-1}	5.0kg
04 窒素	N (!)	3.0×10^{-2}	1.5kg
05 カルシウム	Ca (!)	1.50×10^{-2}	750g
06 リン	P (!)	1.00×10^{-2}	500g
07 硫黄	S (!)	2.50×10^{-3}	125g
08 カリウム	K (!)	2.00×10^{-3}	100g
09 ナトリウム	Na (!)	1.5×10^{-3}	75g
10 塩素	Cl (!)	1.5×10^{-3}	75g
11 マグネシウム	Mg (!)	1.5×10^{-3}	75g
以下微量元素			
12 鉄	Fe (!)	8.6×10^{-5}	4g
13 フッ素	F (!)	4.3×10^{-5}	2g
14 ケイ素	Si (!)	2.9×10^{-5}	1.5g
15 亜鉛	Zn (!)	2.9×10^{-5}	1.5g
16 ルビジウム	Rb	4.6×10^{-6}	230mg
17 ストロンチウム	Sr (?)	4.6×10^{-6}	230mg
18 鉛	Pb (?)	1.7×10^{-6}	90mg
19 マンガン	Mn (!)	1.4×10^{-6}	70mg
20 銅	Cu (!)	1.1×10^{-6}	60mg
21 アルミニウム	Al	8.6×10^{-7}	40mg
22 カドミウム	Cd (?)	7.1×10^{-7}	35mg
23 臭素	Br	6.0×10^{-7}	30mg
24 スズ	Sn (!)	3.0×10^{-7}	15mg
25 バリウム	Ba	2.4×10^{-7}	12mg
26 チタン	Ti	2.0×10^{-7}	10mg
27 水銀	Hg	1.9×10^{-7}	9mg
28 セレン	Se (!)	1.7×10^{-7}	8mg
29 ヨウ素	I (!)	1.6×10^{-7}	8mg
30 ホウ素	B (?)	1.4×10^{-7}	7mg
31 ニッケル	Ni (!)	1.4×10^{-7}	7mg
32 モリブデン	Mo (!)	1.4×10^{-7}	7mg
33 クロム	Cr (!)	3×10^{-8}	1.5mg
34 ヒ素	As (!)	3×10^{-8}	1.5mg
35 バナジウム	V (!)	2×10^{-8}	1.0mg
36 コバルト	Co (!)	2×10^{-8}	1.0mg
37 金	Au	1×10^{-8}	0.5mg

『金属は人体になぜ必要か』（桜井弘、田中英彦 講談社、1996）表2-2および『証人席の微量元素』（ジョン・レニハン 地人書館、1991）表3.5より作成

1%未満の元素です。硫黄Sはある種のタンパク質に使われ、たとえば爪が硬いのはこのタンパク質のためです。ときおり勘違いする人がいますが、爪にはカルシウムはさほどふくまれていません。

カリウムKやナトリウムNaはイオンとして細胞内外に存在し、塩素は塩化ナトリウム$NaCl$の材料です。

さて、12位以下は体内の濃度が10^{-4}より低い「微量元素」です（表3・0に載せてない、いわば超微量元素も存在するのですが、濃度などの研究がまだ進んでいません）。

こういう微量元素には、上位11元素のように生体内でなんらかの役割を担っている「微量必須元素」と、食べ物や環境にふくまれていたものを偶然に生体が取り込んでしまった元素があります（こういう偶然の要素によっても体内微量元素の量は変わり、その決定は簡単ではありません。体内の濃度の測定値は文献によってまちまちで、中には10倍も食いちがったり、研究者によっては検出されなかったりする元素もあります）。

これら微量元素、特に必須元素の顔触れを眺めて見ると、おや、なんだか怪しいやつが混じっています。ヒ素As、銅Cu、鉛Pb、カドミウムCd……、これらはいずれも毒ではありませんか。奇妙なことに、生体はこういう毒元素を微量ながら必要とするのです。もちろん、これらが体内で有用な働きをする時には、無毒な分子にすがたを変えていると思われます。

セレンSeもまた、微量必須元素でありながら、多量だと害をなす元素です。セレンを摂りすぎた家畜は方向感覚を失う病気にかかりますが、セレンが不足すると成長不良や心不全が起きます。

肝臓や心臓で働く過酸化グルタチオン酵素には、セレン原子が4個用いられています。セレンが不足するとこの酵素が体内で生産できなくなり、それが心不全につながるのかもしれません。セレンを利用する生体機構が過酸化グルタチオンだけとはいいきれないので、心不全の機構もまだ断定的にはいえません。

1935年、中国の克山《コシャン》県で小児の心不全が頻発していることが報告されました。そこの土壌にはセレンが少なく、そのためそのような風土病が引き起こされていたのです。1970年代にはセレン錠剤によって克山病は一掃されました。

風土病とはつまりある地域特有の病気ですが、これは土壌にふくまれる毒物、あるいは逆に土壌に不足している物質によって引き起こされるものがあったようです。

半世紀前には、人々は住んでいる地域で収穫された農作物を食べるのが普通でしたから、必須元素が土壌に不足していると病気になったわけです。わざわざ国産食品を選ばないと、食卓に並んだおかずの大半を外国産が占めてしまうような現代では、風土病は少なくなりました。

亜鉛不足がある種の小人症を引き起こすという仮説を確かめるため、1968年に米国とイランの研究者が共同で臨床実験を行ないました。イランで小人症のボランティア15人が集められ、亜鉛を投与されるグループとされないグループに分けられて1年を過ごしました。

亜鉛を投与されたグループは症状が改善し、亜鉛不足が小人症を引き起こすことが証明されました。

このような実験では、被験者を集めるのが越すべきハードルのひとつですが、この研究者の一人はイラン軍の高官の親族で、その特権を利用して徴兵検査場に陣取り、ボランティアを募《つの》ったということです。

亜鉛は体内で鉄に次いで多い元素で、100種以上の酵素反応にかかわっています。酵素は亜鉛を構造材として、ターゲット分子の固定材として、触媒として、酸化剤として、さまざまに利用します。亜鉛不足が引き起こす症状は小人症にとどまりません。

亜鉛不足によって味覚異常、肝臓障害、皮膚炎などが引き起こされるという報告があります。亜鉛は体内で大活躍というわけです。

そしてさらに亜鉛錠剤で風邪、ニキビ、食欲不振、勃起不全に効果があるときて、はてはエイズや統合失調症がよくなったと喜びの声が寄せられるとなると、なんだかこのパターンは見覚えがあります。

ヒ素や水銀が信仰の対象となるのを見てきた我々には、亜鉛よ、おまえもかという感じです。これは亜鉛信仰と呼んでいいのではないでしょうか。

亜鉛錠剤は健康サプリとして売られています。亜鉛サプリの顧客には亜鉛教信者がどれほどいるのでしょうか。亜鉛がヒトにとってヒ素や水銀ほど有害でなくて幸いです。

カルシウム信仰の本当

表3・0の5番目のカルシウムCaと11番目のマグネシウムMgは、両方とも生体に必須な金属です。両方ともに周期表の左から2番目で、電子を2個放出して陽イオンになりやすい性質があります。そして両方ともに、摂取すると健康によいという説があります。

体内のカルシウムのほとんどは骨を構成していますが、それとは別に2価の陽イオンCa^{2+}として細胞の内外に溶けています。細胞は絶えず内部のカルシウム・イオンを外に汲み出し、内部の濃度を低く保ちます。そして細胞が刺激を受けるとカルシウムの細胞内濃度

カルシウム
Ca（"calcium"）
語源：「石灰」のラテン語「カルクス」
原子番号：20
同位体：^{40}Ca ^{42}Ca ^{43}Ca ^{44}Ca ^{46}Ca ^{48}Ca
起源：恒星内部の核融合
存在量（質量比）：宇宙に6.20×10^{-5}、地殻に0.0364、人体に0.0150

マグネシウム
Mg（"Magnesium"）
語源：ギリシャの「マグネシア地方」からとれた「マンガネシア鉱」
原子番号：12
同位体：^{24}Mg ^{25}Mg ^{26}Mg
起源：恒星内部の核融合
存在量（質量比）：宇宙に6.60×10^{-4}、地殻に0.0210、人体に0.0015

が上昇し、さまざまな生体反応が活性化します。カルシウムは神経伝達物質や血液凝固《ぎょうこ》因子の制御など、無数の生体反応にかかわっています。

カルシウムが不足すると骨粗鬆症《こつそしょうしょう》や佝僂《くる》病など骨の病気になります。また飲料水にカルシウムやマグネシウムが少ないと心筋梗塞が増えることは1940年代から知られています。カルシウムはアルツハイマー病を予防するともいわれます。

そしてカルシウム不足はイライラや被害妄想、痙攣など、神経系の異常を引き起こすことは有名です。このあたりでカルシウムの威力は神話がかってきます。

たとえば『金属は人体になぜ必要か』（桜井弘、講談社、1996）では、次のような話が紹介されています。

　少年院に送られる少年たちの入所前後の毛髪中の金属元素が調べられたことがある。入所後の食事の変化で、少年たちは心安らかな少年へと変貌したという。……精神や情緒の安定に関係すると思われるカルシウムは、入所直後の毛髪1グラムあたり578マイクログラムから、7ヶ月後には970マイクログラムに増加していた。

……血管を収縮させ、短気にさせるナトリウムは、7ヶ月後にははじめの半分以下となった。少年たちは、日ごろポテトチップスなど塩分の多いスナック菓子を過分にとっていたため、精神的に不安定な状態にあったと見られる。

少年院に送られた少年たちが心安らかになったなら、それはまず第一に少年院の矯正教育の成果ではないかと思うのですが……。ポテトチップスをやめてミネラルを摂れば少年が矯正されるというなら、少年院や刑務所の業務は大変に楽になることでしょう。

『金属は人体になぜ必要か』は生体内の微量元素について詳しく書かれていて、筆者も参考にしている著作なのですが、微量元素の薬効を過大評価する世の中の傾向について、やや検証が甘いようです。

ただしもちろん、この著作は非科学的な元素信仰に基づくものではありません。元素信仰あるいはミネラル信仰とは、一例を挙げれば以下のような代物です。

ある意味でマグネシウムは光を運ぶ媒体といえるのかもしれません。

マグネシウムがとくに心臓機能と深いかかわりがあるのは、マグネシウムには太陽の光を体に補う働きがあるからかもしれません。

マグネシウムの働きの全貌を知るには、私たちは新しい科学の登場を待たなければならないのです。

（奥村崇升『『元気の水』が体を癒す』サンマーク出版、２００４）

この『『元気の水』が体を癒す』という著書では、マグネシウムがどれほど体によいかが説かれます。その理由として、酸素が悪役、水素が善玉でマグネシウムがそれを助けるという大変興味深い健康観というかストーリーが展開されるのですが、ここでは詳しく紹介できないのが残念です。書名にある「元気の水」とは、奥村氏の発明した装置によってマグネシウムが添加され、その他たくさんよいことがある水のようです。

現実のマグネシウムは体内にカルシウムの10分の1ほど存在する元素です。さまざまな重要生命反応にかかわっていると見られますが、詳しくはまだよくわかっていません。少なくとも３００種の酵素反応がマグネシウムを必要としています。ただし奥村氏の主張のような、太陽の光を運んだり、ＤＮＡの水素結合を活性化させて螺旋を柔軟にしたりする働きがあるかどうかは疑問ですが。

マグネシウムにしろカルシウムにしろ他の必須元素にせよ、欠乏すると病気になるのは確かですが、逆に調子が悪いからといってそれがミネラル不足で引き起こされたとは限りません。

イライラしている時にカルシウムを摂ったら心が安らぐとは限らないわけです。まして や必要量を超えて余分に錠剤を飲んでも（プラシーボ効果以外に）効果があるとは思えません。

なぜミネラルにこのような過大な期待が込められるようになってしまったのでしょうか。カルシウムやマグネシウムや亜鉛や鉄のサプリを人々がボリボリ噛んでいるのはどうしてでしょうか。

ところで『『元気の水』が体を癒す』にはこんな記述もあります。

さらに根本的な問題としては、戦後のアメリカが行った統治政策によって塩と砂糖が精製されるようになり、それらからミネラルが抜き取られたという事情もあります。

というのも、ミネラルは頭脳の働きに直結するからです。塩と砂糖からミネラルを抜き去ってミネラル不足にすれば、人々の頭の働きを鈍らせることができます。

もし占領軍が意図的に日本人を愚かにしようと計画していたなら、食卓からミネラルを故意に抜き去ったとしても不思議ではありません。

奥村氏のいうように、占領軍は塩と砂糖からミネラルを抜き取って日本人を愚かにしようとしたのでしょうか。

ミネラル錠剤やビタミンやマイナス・イオン商品を買い求める人がみなこのような説を信じているわけではないですが、サプリ宣伝に踊らされる人々を見ていると、ミネラル抜きの砂糖によって日本人（のみならず欧米人も）が愚かになってしまったというのもなんだか信じられそうな気がしてきます。

元素信仰

この章では、元素と人体の相互作用を紹介しながら、同時にそれら元素が信仰の対象となるさまも見てきました。ヒ素、水銀、セレン、亜鉛、マグネシウム、カルシウム……。これら元素が病を癒し、ストレスを解消し、肌を若返らせ、エイズやガンに効くと人々が信じるのはなぜでしょうか。元素はどのように信仰の対象となるのでしょうか。

まず、

・微量必須元素を多量に摂ると体によい

という発想ですが、これについて語るには、ライナス・カール・ポーリング（1901〜1994）のビタミンC説にふれないわけにはいきません。

ポーリングは量子力学で化学結合を説明したことによりノーベル化学賞、核実験反対運動によりノーベル平和賞を受賞した20世紀の偉人です。彼は晩年になって、ビタミンCを多量に摂ると風邪もひかないしガンにもかからないと主張し始め、自分でも必要量の何倍も摂取しました。妻のエヴァ・ヘレン・ポーリング（1903〜1981）はガンにかかりましたが、夫の説を信じてビタミンCを摂り、通常のガン治療を拒否したため、それがもとで死にました。結局、ビタミンC多量摂取がガンや風邪に効くという実験結果は出なかったのですが、ノーベル賞を2度も受賞した大先生がおっしゃることは無視もできず、現在の教科書には「ビタミンCが風邪に効くという説もある」程度の記述がされています。

現在、ビタミンCが健康にいいという信仰は世界に広まり、ビタミンC錠剤はどこにでも売っていて、清涼飲料水にはビタミンC添加量が誇らしげに表示され、風邪をひいたらビタミンCを摂らなくちゃというのが常識となっていますが、これは実はポーリング教祖の始めた運動の影響で、しかもその教義にほとんど根拠はないのです。

そしてこのビタミンCを多量に摂ると体にいいという発想と、微量必須元素を多量に摂ると体にいいという発想は、双子のように似ています。ビタミンCのヒットがなかったら、カルシウムや亜鉛やマグネシウムの商品が開発されることも難しかったのではないかと思われます。

しかも、ビタミンCの多量摂取に効果がないという事実は象徴的です。微量必須元素を摂りすぎたらどうなるかといえば、排出されて影響がないか、かえって害をおよぼすかでしょう。ビタミンCと同様、微量必須元素を多量に摂ると体にいいという発想に根拠はないのです。

では次に、

・毒元素を微量に摂ると体によい

という発想を検討してみましょう。ヒ素をはじめ、鉛や銅やカドミウムなどの恐ろしい名前が微量必須元素のリストに挙がっています。毒は微量用いれば薬になるという人体と宇宙の法則はないのでしょうか。

実はそういう発想には「ホルミシス効果」という名前がついています。名前がついているから本当だということはなく、そういう一般的な法則は実証されていません。次に挙げるのは温泉の効能をホルミシス効果で説明する文です。

火山の付近に位置する日本の温泉には、身体にすぐれた効果をもたらす元素などの化学物質がある。その中の猛毒物質が、微量なら身体の健康に有効なことは、金属（鉄、亜鉛、マグネシウムなど）や放射線が、生命維持のうえでなくてはならないことと同じ理由であろう。

（山の湯研究倶楽部『山の湯（高地温泉）は驚くほど健康によい！』主婦の友社、2003）

山の湯研究倶楽部には生憎《あいにく》ですが、ここに挙がっている鉄、亜鉛、マグネシウムはいずれも毒ではありません。厚生労働省の推奨値を少々オーバーして摂取したところで問題ありません。また「放射線が、生命維持のうえでなくてはならない」ということもありません。放射線のない環境で生命はハッピーに寿命を全うします。

なんだかこの引用では「毒元素を微量に摂ると体によい」という発想の例にうまくなっていませんね。だいたいホルミシス効果そのものが実証されてはいないのですから、それをきちんと説明することも無理です。そういう破綻がこの引用文からも読み取れるということにしておきましょう。

そもそも微量必須元素は20世紀の発見ですから、微量必須元素からの連想では、ヒ素や水銀が近代以前に薬として処方されたことを説明できません。また、毒にも薬にもならない元素が信仰の対象となることもうまく解釈できません。

たとえば世には「ゲルマニウムパワー」によって「乱れた肌の電位を正常化、老廃物を取り除くとともに代謝を高めて、内側から弾むようなお肌を甦らせ」るとかいう、ゲルマニウム・ローラーなる美容器具が売られていますが、ゲルマニウムは（猛）毒ではないし、必須元素でもありません。

結局のところ、ある元素が信仰の対象になるには、毒であるかどうか、必須元素であるかどうか、体内に（微量）存在するかどうかといった特性はどうでもいいようです。どんな元素であっても信仰の対象になり得るし、実際なっているのです。

いや、元素であるかどうかも実はどうでもいいのです。ここで名前を挙げた元素とその他の商品、つまりゲルマニウム、亜鉛、マグネシウム、カルシウム、ビタミンC、マイナス・イオン、タキオン、コエンザイム、キトサンなどなどの中から、元素とそうでないものを区別するようにいわれたら、どれだけの消費者が合格するでしょうか。あるサプリが健康や美容にいいと信じる時、それが元素かそうでないか消費者が区別できないなら、それはただのサプリ信仰であって元素信仰にはならないでしょう。

この章に結論はありません。元素信仰はなぜ生じるのか、ここでは説明することはできませんでした。それはきっと信仰というものが説明できないからでしょう。人間は不合理な考えもふくめ、信じたいものを信じるということでしょうか。

第4章　元始、宇宙は単純だった

～周期表1番目の水素の威力

ドカンと、宇宙と水素が誕生

宇宙は今から（137±2）億年前、ドカンと大爆発で始まりました。始まる前はどうなっていたのか、そもそもなぜ始まったのかは、だれも知りません。この宇宙開闢《かいびゃく》の大爆発の時、水素H、すなわち周期表の1番に挙げられている元素が大量に生まれました。

水素
H（"hydrogen"）
語源："hydrogen"の訳。"hydro"と"gen"は「水」と「生まれる」のギリシャ語
原子番号：1
同位体：^{1}H ^{2}D
起源：ビッグ・バン。中性子の崩壊
存在量（質量比）：宇宙に0.706、地殻に0.0017、人体に0.10

どれほど大量かといえば、水素だけで宇宙に存在する元素の4分の3を占めるほどです(*)。

2番目に多いのは周期表2番のヘリウムHeで、この上位2種で元素の98%を占めます。宇宙に存在する元素は水素とヘリウムであると乱暴にいいきってしまっても2%しかちがいません。

この節ではまず水素が生まれるまでの最初の0・0001秒の話をしましょう。

誕生直後の初期宇宙は超高温超高密度で、クォークやら反クォークやらグルーオンやら人類がまだ見たことのない

珍妙な粒子やらが溶け混じり、ぶつかり合って消滅したりまた生成したりを繰り返していました（図４・０参照）。

クォークと反クォークが衝突すると光を放って消滅し、またエネルギーの高い光どうしがぶつかるとクォークと反クォークのペアが生成するのです。

こういう状況を人工的に達成するべく、大型粒子加速器を用いる実験が行なわれていますが、まだまだエネルギーが足りなくて、なかなかビッグ・バンの再現とまではいきません。

宇宙が膨張するにつれて温度が下がると、光どうしがぶつかってもエネルギーが足りなくて、もう新しいクォーク・反クォークは作れなくなりました。そうなるとクォークと反クォークは、あちらで１組、こちらで１組と、ぶつかり合って次々消滅していき、宇宙から一掃されてしまった……かのように見えましたが、ほんのわずかだけクォークのほうが反クォークよりも数が多く、宇宙に残りました。

残ったクォークは陽子ｐ（水素の原子核）や中性子ｎを形成しました。これが宇宙の全物質の起源です。

宇宙誕生から陽子ができるまで、０・０００１秒でした（ここでは水素の原子核をＨと書いたり、pと書いたり、あまり気を使わずに混在させます)。

なぜ宇宙初期にはクォークが反クォークよりもちょっぴり多くできたのでしょうか。これは不思議な現象です。粒子加速器やガンマ線照射の実験では、粒子とその反粒子は必ず同数ペアで生成します。クォークだけちょっぴり多く、あるいは少なく作ることはできません。

実験室では再現できていないなんらかの効果により、宇宙初期ではクォークが多くでき、そのため物質が残存し我々が発生し読者がこの本を読むことになったのです。素粒子物理学では、これは弱い相互作用の対称性非保存(に似た反応)によるものだろうという考えが大勢です。

それにしても「弱い相互作用の対称性非保存」とは、「弱い」とか「保存」など部分的には単語の意味がわかるものの、それが組み合わさって、全体としてなにを意味しているのか見当のつかない用語にしあがっていて、難解な物理用語の中でも傑作といえるでしょう。「弱い相互作用」とか「強い相互作用」なんて物理用語も、わざと初学者を混乱させるためにつけられたかのようです。筆者はこういう投げやりな命名に出くわすたびに、研究者の粗雑な言語感覚にあきれるのですが、これは余談。

［図4.0 陽子pと中性子nの生成］

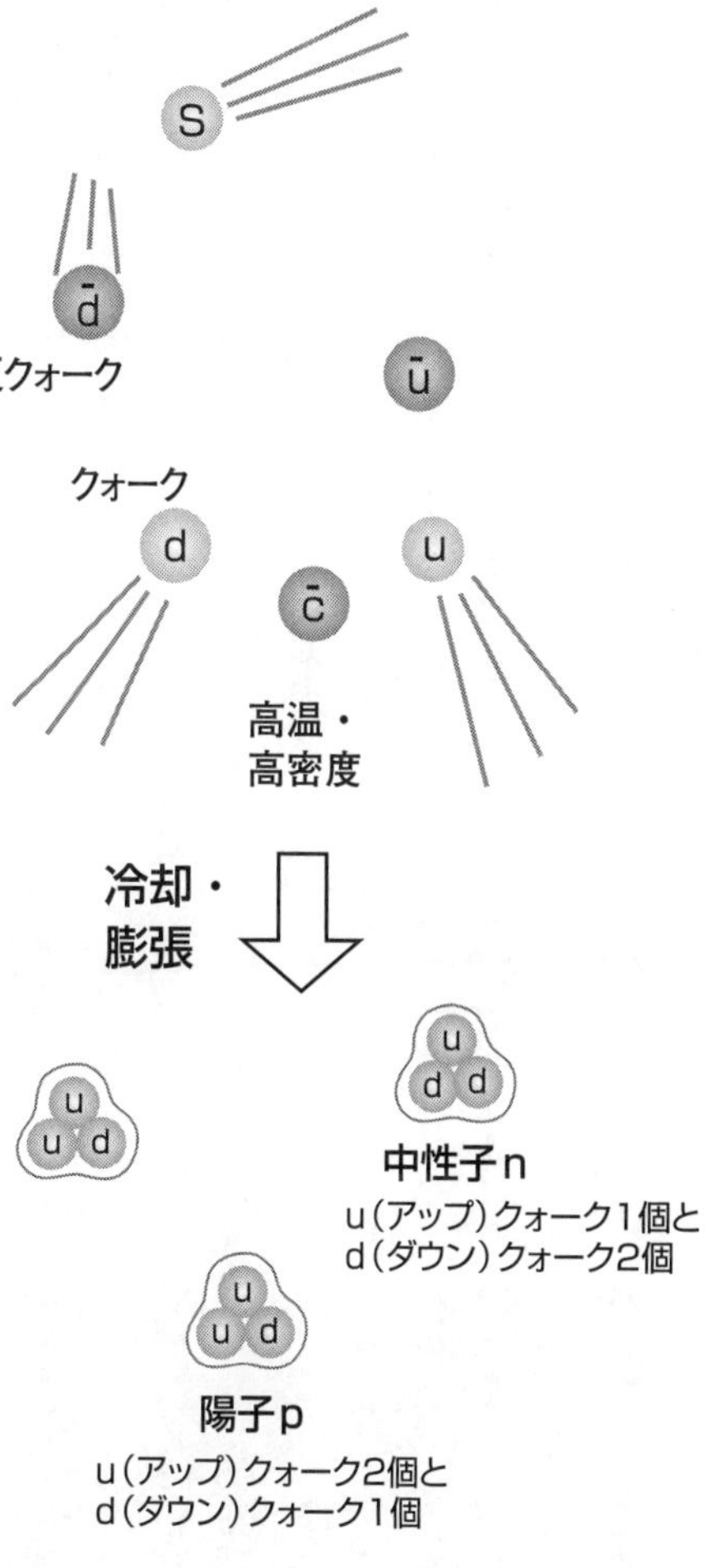

クォークと反クォークが溶け混じっている状態から、
陽子pと中性子nが生成する。

さて、宇宙誕生から0・0001秒後、クォークが寄り集まって水素（の原子核）を結成しました。

ところで、原子は原子核と電子からできていたはずです。電子なしの原子核の生成をもって水素の誕生と呼んでいいのでしょうか。

これをためらいなく水素の誕生と見なすのは原子核や素粒子の研究者で、彼ら彼女らにとっては、電子なんか原子核のおまけにすぎません。電子の質量は陽子の0・05%で、これでは不景気な普通預金の利子にも足りません。

一方、化学や物性の研究者にとって大切なのは電子の軌道であって、彼ら彼女らには、陽子に電子がくっつくまで水素と呼ぶのは抵抗があるでしょう。原子核の質量なんか、たとえ中性子が飛び込んで倍に増えたところで、元素の化学的性質にはほとんど影響しないのですから。

そして宇宙の歴史において陽子に電子がくっついたのは、ビッグ・バンから38万年もたってからなのです。

それまでの間、陽子と電子は宇宙が熱すぎるためにくっつけず、バラバラに飛びまわっていました。

水素がいつ誕生したか、原子核・素粒子派と化学・物性派で38万年もの意見のちがいが出てきてしまうのですが、本書では、いちいち「水素の原子核の誕生」と書くのが面倒なので、ビッグ・バン０・０００１秒後の陽子の誕生をもって「水素の誕生」ということにしておきます。

（＊）宇宙空間にはダーク・マターという正体不明のシロモノが大量に散らばっていて、実はこいつが宇宙の質量のほとんどを占めます。ダーク・マターの正体は未知の素粒子であるとか光らない軽い星であるとか、ブラック・ホールであるとかさまざまな説があります。もしもダーク・マターが光らない星なら、その主成分は水素なので、水素の宇宙一の座は揺るがないのですが……。

太陽の名を持つ元素、ヘリウム

１８６８年、太陽光をスペクトラム分析したところ、５８８nmの波長に、見慣れない輝《き》線《せん》が見つかりました。こういう輝線は太陽の元素が発する光で、たとえばスペクトラム上おとなりの６５６nmのHαという輝線はコロナ中の水素Hが放射するものです。５８８nmの輝線は太陽特有の元素に由来するのでしょうか。

この元素は太陽を意味するヘリウムHeと名付けられました。百余りの元素中、唯一天文学者によって発見・命名された元素です。ただし「ウム」は金属の語尾なので、今から思えばこの命名はまちがいなのですが、もう手遅れです。

まもなく地中からもヘリウムは見つかり、太陽特有の元素ではないことがわかりました。ヘリウム原子は周期表2番目の原子で、１番目の殻は満室なので化学的には不活性です。

ついでにここで、不活性元素について解説しておきまし

ヘリウム
He（"helium"）
語源：「太陽」のギリシャ語「ヘリオス」
原子番号：2
同位体：^{3}He ^{4}He
起源：ビッグ・バン。恒星内部の核融合。放射性元素のα崩壊
存在量（質量比）：宇宙に0.275、地殻に4×10^{-8}、人体に10^{-9}以下

ょう。周期表上で一番右の列のヘリウムHe、ネオンNe、アルゴンAr、クリプトンKr、キセノンXe、ラドンRnは不活性元素で、他の元素とほとんど化学反応をしません。殻のｓ軌道とｐ軌道がすべて満室・安定で、ここから電子をもぎ取るためには大きなエネルギーが必要になり、もぎ取った電子を他の元素にくっつけて得られるエネルギーではとても足りないからです。ヘキサフルオロ白金酸キセノン$XePtF_6$のような例外的な化合物がいくつか知られているだけです。

また不活性元素にあらたに電子を付着させても、大きなエネルギーは発生しないので、他の元素の電子をもぎ取って化合することもありません。不活性元素どうしも化合しないので、原子１個の単原子分子となります。分子間の引き合う力も弱いので、固体や液体になりにくく、常温では気体になります。

ヘリウム単原子分子や水素分子H_2のように軽い分子は常温でも速く、地球の重力を脱して逃げてしまい、そのため大気中には存在しません。常温のヘリウム単原子分子の平均速度は１４００ｍ／ｓで、これは窒素分子の平均速度の２・６倍です。ところで音速は媒質の分子の速度に比例します。ヘリウム中の音速は空気の音速の約２・６倍で、そのためヘリウム中では発声器官や楽器の共鳴振動数が２・６倍高くなります。吸い込むと声がいわゆる「ドナルド・ダック・ボイス」になるガスがおもちゃとして売られていますが、これはヘリウムの音速が大きい性質を利用したものです。

ヘリウム$^{4}\mathrm{He}$の原子核は陽子p2個と中性子n2個からなり、α《アルファ》粒子の別名があります。大きくて重い原子核が壊れ、中から$^{4}\mathrm{He}$が放射線として飛び出してくることがあるので、放射線の研究者によってα粒子とかα線という名が付けられました。原子核が壊れる時に$^{4}\mathrm{He}$が飛び出すということは、$^{4}\mathrm{He}$が丈夫で安定だということを意味します。ヘリウムは化学的にも核物理学的にも安定なのです。

ところで、ヘリウムはすでに述べたように空気中にはなく、風船や飛行船に詰めるヘリウムは地下から汲み出したものです。この地下のヘリウムの起源は、地中の放射性同位元素が出したα粒子です。子供の喜ぶ風船のガスもパーティー・グッズのドナルド・ダック・ボイスのガスも、その正体は放射線のなれの果てというわけです。

しかし圧倒的多数のヘリウムはα崩壊ではなくビッグ・バン直後の宇宙空間で作られました。0・0001秒で生まれた陽子pと中性子nは飛びまわってぶつかり合っていました。陽子と中性子がぶつかると核融合してくっつきます。あまり宇宙の温度が高いとくっつかないのですが、10^9Kより下がるとくっついたままになります。そこにまた別の陽子や中性子がぶつかってきて、４個くっつくと安定な^{4}Heになって宇宙にヘリウムの誕生です。ビッグ・バン暦３分のできごとです。

周期表1番と2番のあいだに

ヘリウムというのは周期表では水素の次で、その間には元素がありません。しかし核子の数（質量数）でいうと、水素^{1}Hは陽子1個で質量数は1、ヘリウム^{4}Heは質量数は4です（質量数は、元素記号の左肩に書く習慣がありますが、普段は省略してもかまいません）。周期表には載っていませんが、核物理の研究者の目で見ると、実は質量数1と4のあいだには、2の重水素^{2}Dや、3の三重水素^{3}T、ヘリウムの同位体^{3}Heなどが存在し、これらを経ないと^{4}Heは合成されません。

重水素^{2}Dは陽子1個と中性子1個からできている、水素^{1}Hの同位体です。どういう贔《ひい》屓《き》なのか、水素の同位体にはこのように特別の名前や記号が割り当てられています。三重水素^{3}Tは陽子1個と中性子2個からなる水素の同位体です。

宇宙を飛びまわっている陽子と中性子がくっついて、まずできるのは重水素^{2}Dです。重水素^{2}Dが宇宙空間にたまると、重水素^{2}Dにさらに陽子pや中性子nや重水素^{2}Dがぶつかって核融合し、ヘリウム^{3}He、三重水素^{3}T、そしてヘリウム^{4}Heが生まれました。

こういう原子核どうしがさらに融合し、リチウム^{6}Li、^{7}Li、ベリリウム^{7}Beもぽちぽち現われます。宇宙が冷えると原子核が次々現われるさまは、濃い砂糖水を冷やすと砂糖の結晶が析出《せきしゅつ》するのに似ています。

この辺りの原子核相関図を図４・１に示します。

ビッグ・バン直後の宇宙で原子核が次々核融合して元素が合成されることを初めにいい出したのはジョージ・ガモフ（１９０４〜１９６８）です。ガモフは当時大学院生のラルフ・アルファ（１９２１〜２００７）とともに宇宙初期の元素合成について研究しました。その結果を１９４８年に論文にする時、直接その研究に携わっていないハンス・ベーテ（１９０６〜２００５）を共著者に加え、アルファ、ベーテ、ガモフの連名で発表しました。そうするとギリシャ文字のアルファ、ベータ、ガンマのしゃれになるからだそうです。ガモフはそういう茶目っ気のある人だったようで、一般向けの読み物などもたくさん書きました。『不思議の国のトムキンス』などの科学読み物は今でも読まれています。

ところでこのようにお茶目で多才でビッグ・バン説の普及に貢献したガモフですが、世間ではビッグ・バンを考え出したのも彼だとしばしば思われていて、教科書にも「１９４６年にガモフは、宇宙は一点から大爆発とともに膨張したと提案した」（岡村定矩、池内了、海部宣男、佐藤勝彦、永原裕子編『人類の住む宇宙』日本評論社、２００７）などと書かれていたりします。

しかし宇宙の膨張解を提案したジョルジュ・ルメートル（1894～1966）は、1931年に、宇宙は「the primeval atom」（原初の原子）から始まったと述べています。ビッグ・バンを発明したのはルメートルといってよいでしょう。

ちなみに「ビッグ・バン」という言葉を発明したのはフレッド・ホイル（1915～2001）で、この人は実はビッグ・バン説の反対論者でした。1950年、あるラジオ番組で、宇宙膨張説を指して「宇宙がドカンと始まった説」というようなニュアンスで「ビッグ・バン」と呼んだところ、その言葉が流行ってしまったということです。

さらに余談ですが、フレッド・ホイルはSF小説なども手がけるこれまた多才な宇宙物理学者で、「ビッグ・バン」というネーミングもそのセンスの現われでしょう。ビッグ・バン宇宙論がこれほど魅力的でポピュラーなものになったのには、ホイルやガモフなど文才ある人々の働きが大きいかもしれません。反対論者のホイルにとっては不本意かもしれませんが。

さてこのアルファ──ベータ──ガンマ理論や現在の元素合成理論によれば、宇宙初期には

[図4.1 宇宙初期の元素合成]

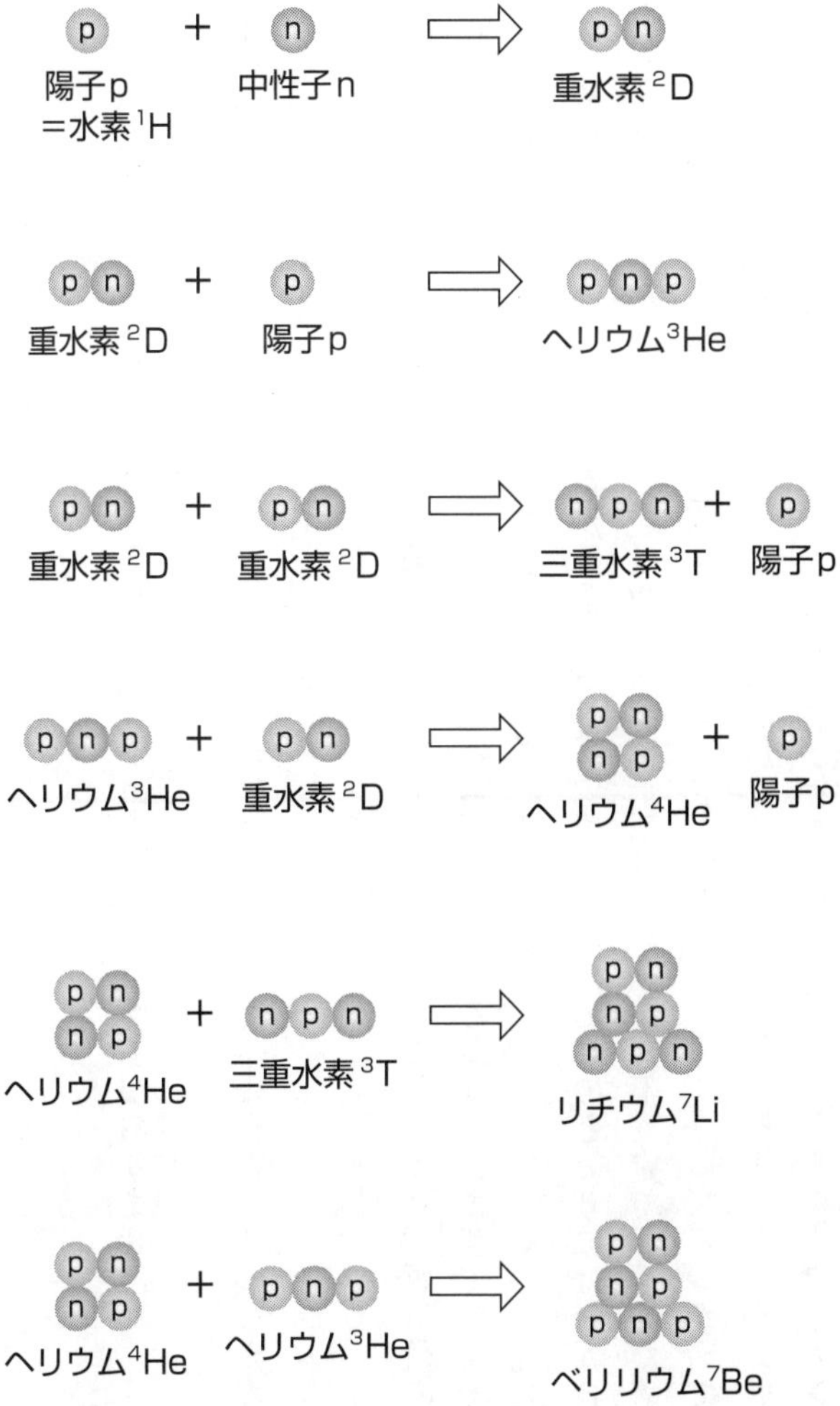

次のような元素合成のための条件がそろっていました。

・中性子があたりを飛びまわっている（現在の宇宙空間には中性子がありません）。
・陽子と中性子の密度が高く、盛んに衝突している。
・宇宙の温度が10^9Kより低くなった（これより高いと、衝突してもなかなかくっつかないし、くっついてもすぐにばらけてしまいます）。

このような条件下で、原子核に中性子が衝突してくっついていくことにより、質量数の大きな重い元素まで次々と作られ、ついには現在の宇宙に見られるようなさまざまな元素が合成された……というのがアルファー―ベーター―ガンマ理論です。

しかしこの理論ではいくつかの点が見落とされていて、そのためこのとおりには元素合成は進行しませんでした。たとえば質量数が8の原子核はたいへんに不安定で、そのため初期宇宙では質量数が7より多い原子核は作られませんでした。^{4}Heどうしがぶつかっても核融合して^{8}Beになってくれないのです。質量数8ができないので、原子核がくっついて重くなっていく過程は^{7}Liと^{7}Beでストップしました（他にも、アルファー―ベーター―ガンマ理論の見込みほどには中性子捕獲とベータ崩壊という現象がすいすい進まないなどの問題があります）。

さらにこの時、作られたベリリウムの同位体^{7}Beは（^{8}Beほどではありませんが）やはり不安定で、寿命77日で^{7}Liに変わってしまいます。また三重水素^{3}Tも不安定で、寿命18年で^{3}Heに変わります。

あとの時代に壊されたり、新たに合成されたりする元素を除くと、宇宙初期に作られてほとんど変わっていない元素は、水素（^{1}H）とヘリウム（^{3}He、^{4}He）ということになります。

アルファー―ベーター―ガンマ理論を修正した現在の理論では、宇宙に存在する水素とヘリウムの観測量をほぼ説明することができます。というより、観測量と合うように理論が修正されています。

最初のアルカリ金属

リチウムLiは周期表上最左翼のアルカリ金属で、同じ仲間にはナトリウムNa、カリウムK、ルビジウムRb、セシウムCs、フランシウムFrがあります。ただしこれらの仲間が生まれるまでにはあと数億年かかり、宇宙初期にはリチウムは唯一のアルカリ金属です。

リチウム
Li（"lithium"）
語源：「石」のギリシャ語「リトス」
原子番号：3
同位体：^{6}Li ^{7}Li
起源：ビッグ・バン、宇宙の核反応
存在量（質量比）：宇宙に1.00×10^{-8}、地殻に2×10^{-5}、人体に10^{-9}以下

アルカリ金属は反応性が高く、水と反応して燃えます。そのため単体金属は空気にふれないように保存しなければなりません。灰X_2Oは水に溶かすとXOHとなって強いアルカリ性を示します。アルカリ金属と呼ばれる由縁です。ちなみに「アルカリ」の語源はアラビア語の「灰」です。

アルカリ金属の電子配置は、閉殻《へいかく》の外側を電子が1個まわる構造になっています。リチウムなら$[He]2s^1$です。口絵0・0の周期表に電子配置を示しました。この外側のあぶれ電子は容易に引き剥《は》がされ、酸素など他の原子にひっつきます。こういう電子の移動を酸化といいます。電子をもらった

酸素など他の原子はエネルギーを吐き出すので、酸化反応の際には熱や光が発生します。つまり、燃えるわけです。

リチウムはあらゆる金属の中で最も密度が低く(*)、水に浮きます。ただし水に漬けると前述のとおり燃え出します。経産省や金属鉱物資源機構はリチウムをレアメタルと見なしています。用途としては、ノートパソコンに使われるリチウム・イオン電池が有名なのではないでしょうか。ただしリチウム消費の多くは電池ではなくガラスや冷媒吸収材用途です（ハイテクはしばしば原料を少ししか消費せず、レアメタルなどのハイテク材料の国内消費が昔ながらのローテク用途でほとんど占められるなんてことはよくあります）。

リチウムには水素を吸蔵する能力があります。同じ体積の水素ボンベ以上の水素を吸収できます。これの応用例で、宇宙初期の元素合成と関連あるものに、水爆があります。

水爆は水素の核融合反応を暴走させる装置ですが、普通の水素^{1}Hではなく、重水素^{2}Dを融合させます。宇宙初期の元素合成でも、重水素^{2}Dは^{1}Hよりも反応しやすく、さまざまな元素の合成に首を突っ込みます（図4・1参照）。

リチウムに重水素を吸蔵させた燃料に、核分裂爆弾で点火します。重水素が核分裂の高温の中で核融合を開始し、爆発にいたるという仕組みです。点火に核分裂爆弾を用いるタイプの水爆は、考案者エドワード・テラー（１９０８〜２００３）とスタニスワフ・ウラム（１９０９〜１９８４）の名をとってテラー―ウラム装置といいます。

「水爆の父」テラーは原水爆の「普及」に努めた人物です。１９５０年代の米国で、多くの科学者が原爆反対にまわる中、水爆の開発に尽力し、完成させました。死の灰の危険性を軽視し、核戦争を悲惨なものではないと考え、核兵器の土木工事などへの応用をさまざま提案しました。

たとえば核爆弾を使ってアラスカの海岸をえぐり、港を建設する「プロジェクト・チェリオット」を提案しましたが、このプロジェクトは途中で中止となり、周辺の住民とアザラシをほっとさせました。

ギリシャの王妃フリデリキ（＊＊）に同様の提案をした時には、

「ご提案ありがとうございます、テラー博士。しかしギリシャには、廃墟はもう十分にありますので」

と返されたと伝えられます（カール・セーガン『カール・セーガン科学と悪霊を語る』新潮社、１９９７）。

しかし１９８０年代、当時の大統領ロナルド・レーガン（１９１１～２００４）に核爆発を利用したミサイル防衛を提案した時には、レーガンはこれを本気にし、戦略防衛構想（ＳＤＩ）、別名スター・ウォーズ計画を開始しました。ミサイル衛星、核爆発をエネルギー源とするＸ線レーザー、ビーム兵器などは実現しないまま、大統領はビル・クリントン氏（１９４６～）にかわり、ＳＤＩはうやむやになりました。

核兵器を持てば、保有国どうしが戦争を回避するので、平和が保たれるという、いわゆる核抑止論を強硬に主張したテラーは、その「平和の意味を変えようとする生涯に渡る努力」に対してイグ・ノーベル平和賞を受けました。

（*）ただし常温大気圧で比較した場合。水素は高圧下で金属となり、これはリチウムより密度が低くなります。金属水素は木星の内部に存在すると考えられています。

（**）フリーデリケ・ルイーゼ・ティーラ・ヴィクトリア・マルガリータ・ゾフィア・オルガ・ツエツィーリア・イザベラ・クリスタ・フォン・ハノーファー（１９１７～１９８１）。

一瞬しか存在しなかった元素

ビッグ・バン3分後に合成されたベリリウムですが、せっかく合成された^{7}Beは寿命77日で崩壊して^{7}Liになってしまい、つかのましか宇宙に存在しません。現在残っているベリリウム^{9}Beは、そのあと宇宙線の核反応で合成されたものです。

ベリリウム
Be（"Beryllium"）
語源：「緑柱石」の英語・ドイツ語「ベリル」
原子番号：4
同位体：^{9}Be
起源：宇宙線の核反応
存在量（質量比）：宇宙に1.66×10^{-10}、地殻に2.7×10^{-6}、人体に10^{-9}以下

宇宙を飛びまわっている陽子pやα粒子^{4}Heが、宇宙空間の炭素^{12}Cや窒素^{14}Nや酸素^{16}Oの原子核に衝突してぶっ壊し、その破片として^{9}Beが生成します。こういう妙な反応で作られるため、存在量が少ないです。

ベリリウムBeはマグネシウムMg、カルシウムCa、ストロンチウムSr、バリウムBa、ラジウムRaの仲間のアルカリ土類金属です。周期表では左から二番目の列です。

これらは閉殻の外側に電子を2個持っていて、たとえばベリリウムの電子配置は[He]$2s^{2}$です。

この2個の電子もまたポロリと取れやすく、そのためア

ルカリ土類金属も（アルカリ金属ほどではありませんが）酸化しやすく反応性の高い金属です。

ベリリウムもリチウムとおなじく、経産省や金属鉱物資源機構にレアメタルと見なされています。

銅と混ぜると硬くてバネに適した合金となり、これがベリリウムの用途としてはメジャーなようですが、原子番号が小さいことを生かしてX線検出器窓などとしても使われています。

X線検出器には、X線を検出器内部に通すための窓がついています。窓といっても透明なわけではなく、たいていは薄い金属板です。そしてこの金属板の素材としてしばしばベリリウムが使われます。

ベリリウムは電子を4個しか持たず、そのためX線光子は電子に跳ね返されたり吸収されたりせずにベリリウム板を（厚みにもよりますが）透過し、検出器内部に侵入し、検出媒体と反応して検出されるのです。

リチウムは電子を3個しか持たないし、X線窓にもっと適しているのではと思われるかもしれませんが、リチウムの単体金属は水分や酸素と反応して酸化するので使えません。

このように有用なベリリウムですが、あいにく毒性があり、吸い込むと肺をやられます。手塚治虫（1928〜1989）の『ブラック・ジャック』には工場の排出するベリリウムが公害を引き起こすエピソードがあり、筆者は子供のころ、これでベリリウムが毒であることを学びました。

宇宙初期の単純かつエレガントな元素世界

宇宙初期の元素合成にかかわる事件を図4・2にまとめます。3分でベリリウムまでが合成され、そのあとヘリウムになりそこなった中性子の残りが寿命15分で崩壊して陽子に変わります。38万年後に電子が陽子と結合して、化学・物性の研究者が待ちに待った水素原子がようやく宇宙に誕生します。38万年たたないと、宇宙の温度が高すぎて水素原子が分解するのです。（化学・物性の研究者にとっては）水素原子の誕生をもって、宇宙初期の元素合成が完了します。

ガモフの、ビッグ・バン直後の超高温超高密度宇宙で元素が合成されるという、そもそもの発想はたいへん素晴らしかったのですが、宇宙に存在するすべての元素を宇宙初期の元素合成で説明してしまおうという野望は、結局最初の3元素だけで挫折しました。

陽子と中性子というシンプルな素材を用い、密度や温度などいくつかのパラメータを調整するだけで、初期宇宙というるつぼで全元素を合成することができれば、それはこのうえなくエレガントな科学理論でしょう。ひとにぎりの要素の組み合わせで複雑な宇宙が構成されるという、元素の思想をも連想させます。またそのような科学理論が当てはまる宇宙には、ある種の秩序が感じられます。

もしビッグ・バン暦38万年の、水素とヘリウムとリチウムだけからなる宇宙に知的生命がいたなら、その種族のガモフはビッグ・バン理論で宇宙のすべての元素の説明に成功し、宇宙の単純さに感動を覚えたことでしょう。そしてたくさんの著作を通じて彼または彼女の一族にその感動を伝えようとしたでしょう。

しかし現実には、宇宙初期に単純かつエレガントに合成されるのは3種の元素のみで、残りの約百の元素は、星の中でぐつぐつと発酵したり、星の爆発で焼け焦げたり、あるいは人間の建造した加速器の中でぶんまわされたりして作られます。

そういう第二次元素合成は、ビッグ・バンから数億年たって恒星が生まれてから始まるのですが、その単純でない元素合成によって炭素や酸素や窒素その他が現われないと、知的生命の発生も難しいでしょう。水素とヘリウムとリチウムでは大して複雑な分子はできませんから。

ガモフが最初考えたようなエレガントな元素合成では宇宙の元素を説明することはできず、今ある元素はもっとはるかに複雑でやっかいな手順を踏んで作られました。我々の宇宙の本性は複雑で泥臭いもののようです。

［図4.2　宇宙初期の元素合成の年表］

ビッグ・バン暦	宇宙の温度	事　件
10^{-10}秒?	10^{15}K?	対称性を破る反応で、クォークが反クォークより多くなる。
0.0001秒	10^{12}K	クォークが集まって陽子と中性子生成。
3分	2×10^{9}K	陽子と中性子が融合してベリリウム^{7}Beまでの元素合成。
15分	10^{9}K	中性子が崩壊して陽子になる。
77日	10^{7}K	^{7}Beが崩壊して^{7}Liになる。
18年	10^{6}K	三重水素^{3}Tが崩壊して^{3}Heになる。宇宙初期の元素合成完了。
38万年	4000K	電子と陽子が結合して中性の水素原子になる。
(137±2)億年	2.725K	現在。

インフレーションなど、直接関係ない出来事は略。

第5章　カラダの材料は核反応で

～遠い昔遠いどこかで誕生した元素

星は、元素合成装置

宇宙を揺るがすビッグ・バンから38万年たって、そこらを飛びまわる陽子pと電子eが合体して水素原子Hになると、宇宙空間から荷電粒子がほとんどなくなりました。荷電粒子は電磁波を遮蔽《しゃへい》する働きがあるので、この時から電磁波は邪魔されずに宇宙空間を飛びまわれるようになり、つまり遠くが見えるようになりました。これを宇宙の晴れ上がりと呼びます。晴れ上がった宇宙を見渡してみると、あたりは水素とヘリウムHeとわずかなリチウムLiとそれから太陽表面ほどの強い光(とダーク・マター)に満たされ、星も銀河も存在していませんでした。

またミクロに見ても、ヘリウムは不活性なので、水素とわずかなリチウムからなる単純な分子が浮いているだけのつまらない世界だったでしょう。生命も、ダーク・マター生命とかガス生命などSFに登場するようなエキゾチックなものでない限り存在できなかったでしょう。つまり、いなかったと見るのが常識的でしょう。

このような不毛な時代はしばらくつづきます。おそらく何の事件もないまま、数億年が経過し、徐々に宇宙は冷えていきます。

そしてある日（*）、宇宙に灯がともります。恒星が形成され、核融合が始まったのです。

恒星は、ガスが自らの重力で寄り集まり、中心部が核融合を起こすほどの密度と温度に達したものです。その核融合は、中性子が豊富にあったビッグ・バン暦３分のプロセスとはちがい、もっと敷居が高いです。

ビッグ・バン３分後には陽子と中性子がくっついて重水素^{2}Dを作りましたが、中性子のない星の中では陽子と陽子をくっつけて^{2}Dを作らなければなりません。第一に、陽子は＋の電荷を持つので反発し合い、なかなかくっついてくれません。第二に、くっついた直後に陽子が１個中性子に変わらないと、^{2}Dにはなれません。陽子２個のままだとすぐにまたばらけてしまいます。陽子から重水素を作るのは大変なのです。

そういう困難と電気力の反発をのりこえて重水素ができてしまえば、これに陽子がぶつかったり^{3}Heがぶつかったりして、安定な^{4}Heができあがります。この過程をｐ―ｐチェイン（図５・０参照）と呼びますが、別に覚えなくてもかまいません。１００億年前の最初の星も、我々の太陽も、このｐ―ｐチェインで水素をヘリウムに変え、熱と光をあたりに放射します。

ｐ―ｐチェインは陽子がくっついた直後に中性子に変わるという、大変確率の低いまれなできごとを利用して、陽子p2個から重水素^{2}Dを作り、最終的にはヘリウム^{4}Heを作ります。まれなできごとなので、核融合はゆっくりと進行します。

ビッグ・バン3分後の元素合成では、数分で核融合が進行して全宇宙の中性子がほとんど^{4}Heになってしまったのに、我々の太陽は誕生から50億年たってもまだ水素がヘリウムになり切らずほとんど残っています。そのおかげで地球に発生した生命が進化を遂げ、我々が生まれ、こうやってp－pチェインについて思いを巡らす余裕が生じたわけです。

こうして水素とヘリウムとリチウムだけの不毛で退屈な宇宙に、星という元素合成装置が始動しました。最初はヘリウムという見慣れた元素を作るだけでしたが、これから紹介するように、炭素や窒素や酸素や鉄やもうこれまで宇宙に存在したことのない元素を次々生産し、開闢以来大した事件もなかった単純な宇宙を、読者におなじみの複雑・混沌《こんとん》・予測不能な、しかし豊かな場所に変えていきます。

(*)「ある日」と書きましたが、星も銀河もなく、したがって年も日もなく、周期運動や減衰などの特徴的な時間を持つ物理現象がほとんどなかったこの時代、ダーク・マター生命やガス生命がどのように時間を認識していたのかは頭の体操としては面白いです。

核融合

アフターバーナーという装置を超音速飛行機が備えているのを御存じでしょうか。ゲームや映画では、戦闘機がこの装置に点火すると、ジェット・エンジンが轟々《ごうごう》と派手な火炎を噴射し、推力を増した機体はたちまち音速を突破して敵機を撃ち落とします。

ジェット・エンジンの高温の排気に大量の燃料を混ぜ、排気中の酸素を利用して燃焼させ、強力な推力を得るのがアフターバーナーの原理です。当然のことながら燃料の消費量は増え、たとえばF―15戦闘機はアフターバーナーに点火すると、数時間分の燃料を20分足らずで使い切ってしまうということです。

目にも鮮やかな炎を吐き、帰りの燃料も費やして、敵地に切り込み空中戦を闘う戦闘機は、ゲームや映画にうってつけの題材です。パイロットとして実際に行なうように命じられたら、それほど楽しくないでしょうが。

このアフターバーナーにも似た仕組みが恒星内に存在し、核融合の効率を高め、数十億年分の燃料を数千万年で燃やし尽くします。ＣＮＯサイクルと呼ばれる核融合プロセスです。CNOは炭素Cと窒素Nと酸素Oを表わします。これらの元素が恒星を作る水素とヘリウムに混じっていると、p－pチェインよりも効率の高いCNOサイクルが可能になります。

炭素と窒素と酸素は宇宙初期の元素合成では作られず、もっとあとになって恒星内部の核融合で合成されます。合成された元素が宇宙空間にぶちまけられて新しい星の材料にまぎれ込むと、その新しい星では（質量によりますが）CNOサイクルが始動します。他の星のいわば排気を利用する点もアフターバーナーに似ていますね。

他の星の排気を利用するため、宇宙で最初に生まれた世代の星ではCNOサイクルは働きません。また我々の太陽はCNOを持っていますが、質量が小さいのでCNOサイクルが点火するほどの温度に達しません。CNOサイクルは第二、第三世代の大質量星で有効になります。

図5・0に示すように、炭素^{12}Cは陽子p（水素^{1}Hの原子核）と融合して窒素^{13}Nとなり、^{13}Nは陽電子とニュートリノを放出して^{13}Cとなり、次々水素を取り込んで質量数を増やし陽電子を放出して電荷を減らし、とうとうヘリウム^{4}Heを放出して^{12}Cに戻ります。結局、4個の陽子を取り込んで1個の^{4}Heを放出し、元の炭素^{12}Cは変化なしで残されます。炭素

［図5.0 恒星内の核融合反応］

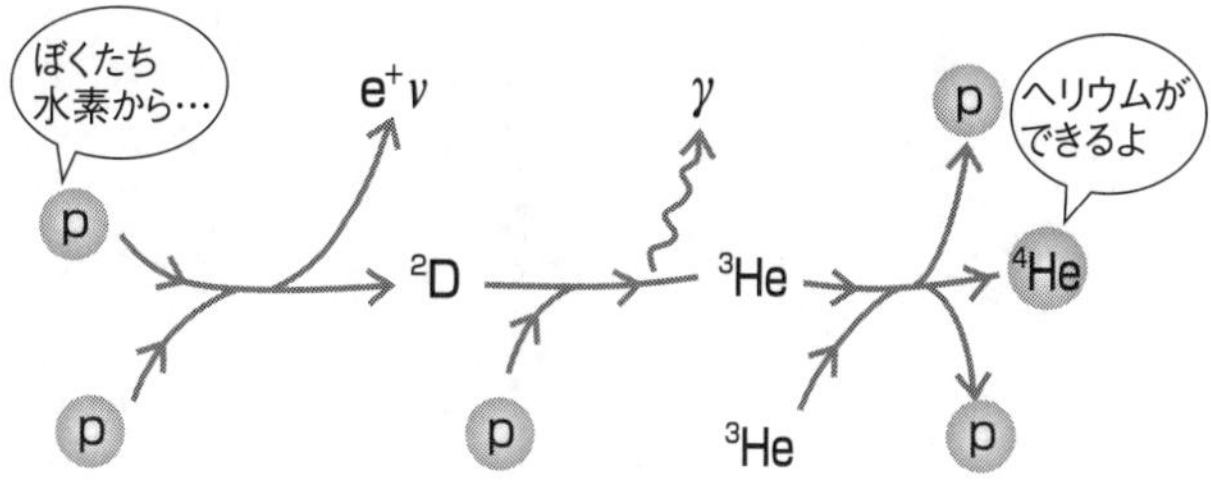

p－p チェイン

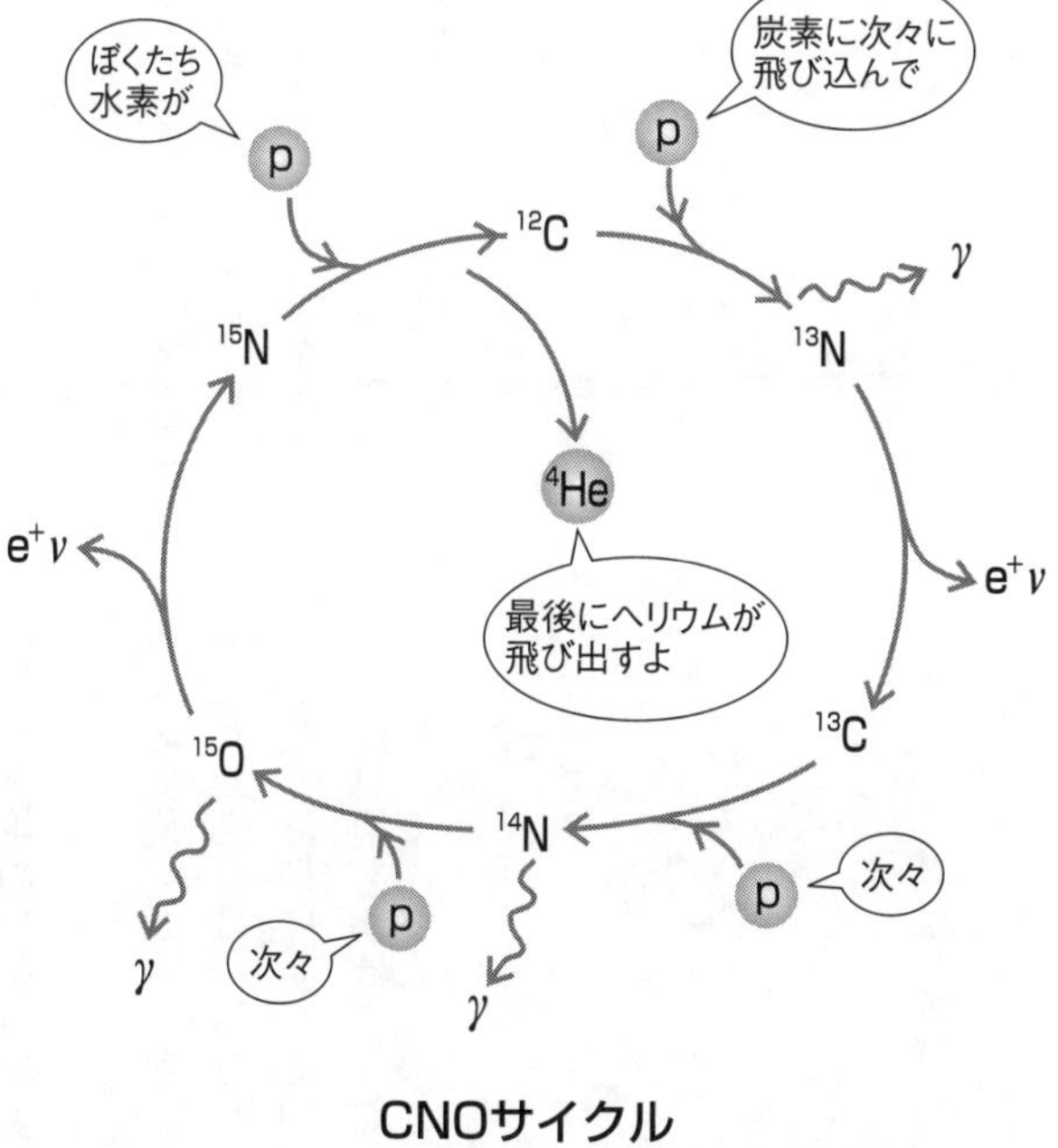

CNOサイクル

は水素からヘリウムを作る触媒として働くわけです。これがCNOサイクルの仕組みですが、別に覚えなくてかまいません。

この核融合アフターバーナーがオンになっている大質量星は、我々の太陽の数百〜数万倍の恐るべき消費率で水素を使っていきます。そして水素を使い果たしたあとは、ヘリウム、炭素、酸素と次々重い原子核を（非CNOサイクルで）核融合させ、最後にすべての燃料を燃やし尽くすと大爆発して燃え滓《かす》を宇宙にぶち撒けます。環境に負担をかけるところまでアフターバーナーそっくりです。

飛び散る火玉

恒星内で働くのがｐ－ｐチェインであれ、ＣＮＯサイクルであれ、水素^{1}Hはヘリウム^{4}Heに変えられて消費されていきます。中心部の水素がなくなると、熱源がなくなって、しゅうぅ〜と縮みます。星の質量が小さいと縮んでそれきりですが、質量が大きければこのあとヘリウムの核融合が始まります。

ここでは質量が我々の太陽の数十倍の大質量星の運命について説明します。そういう星では、水素が１０００万年かかって核融合したあと、ヘリウムが核融合して炭素^{12}Cと酸素^{16}Oを作ります。

ヘリウムは、水素の１０００万年にくらべるとごく短い、１００万年で尽きます。ヘリウムが尽きたら今度は炭素の核融合がスタートします。

こうして次々と重い元素が作られては核融合し、星の内部は図５・１に示すような玉ねぎ構造になります。

このような恒星の変化はどういうわけか「進化」と呼ばれます。進化の途中、重元素の一部は対流で星の表面に運ばれ、風となって星の外に流れ出ます。進化の最終段階で、中心部にはケイ素が核融合してできた鉄Feがたまります。

水素から鉄までは核融合によってエネルギーを取り出せましたが、鉄を核融合させてももうエネルギーは取り出せません。これを核融合させて鉄より重い元素を作るためには、かえって周囲からエネルギーを注入してやらないといけません。鉄の原子核は安定で、エネルギーを加えないと核融合も核分裂もしない、いわば核反応の灰のようなものです。鉄がたまると核融合が停止するので、星は今度こそぎっちぎちに縮み、鉄でできた中心部は高温高密度になります。

そしてとうとう鉄の原子核が壊れ、星の中心部が一瞬で「中性子星」に変化します（ブラック・ホールになる場合もあります）。

中性子星は太陽ほどの質量を持ちながら、半径たった10㎞しかない高密度の天体です。その密度は10^{17} kg／m^3ですから、原子核の密度とおなじくらいです。しかもほぼ中性子からできていますから、これは巨大な原子核といえるでしょう。なんとも異様な天体です。

中心部が小さな中性子星に変化する時には、莫大な重力エネルギーが放出されます。星が1個、中性子星に飲み込まれたのと同じ大きさのエネルギーです。このエネルギーの1

[図5.1　進化の進んだ大質量星の内部]

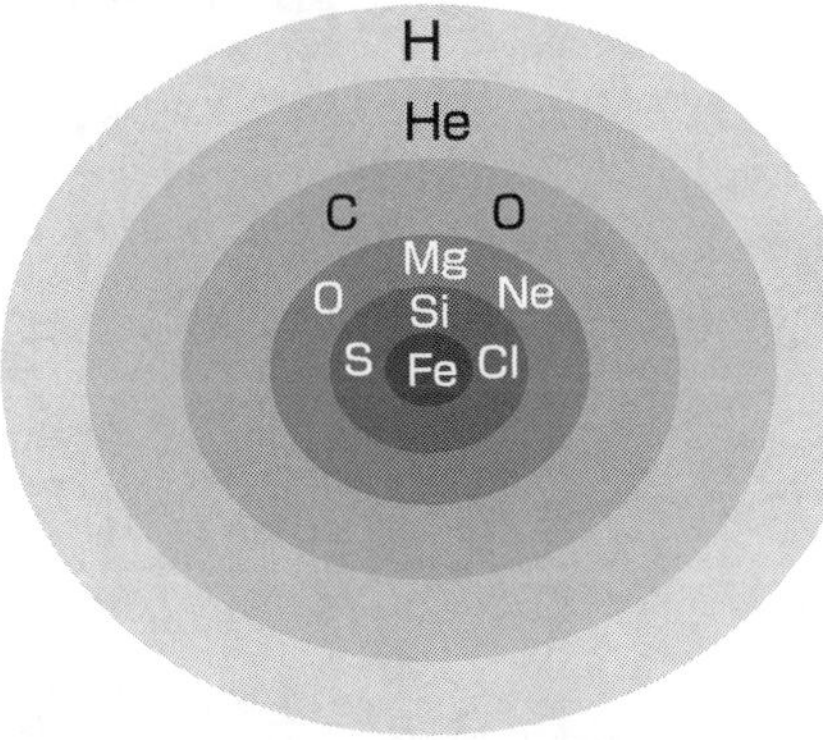

中心部で次々重い元素が作られ、玉ねぎ構造になる。ただし進化の途中で外側は星風として飛ばされるので、このままの構造を持つ星が存在するわけではない。また超新星爆発の際に、元素は壊されたり新たに作られたり、再構成される。

%くらいが、中性子星の材料に使われなかった外層部を地獄の業火もかくやというすさまじい勢いで吹き飛ばします。宇宙最大の爆発、超新星爆発です。この業火の中で元素は作り変えられ、鉄より重い元素もまれには生じ、宇宙空間にぶちまけられます。星の元素合成の仕上げです(*)。

ところで中性子星を巨大な原子核といってもよいなら、これは原子1個からなる元素ともいえるはずです。その原子番号、つまり陽子の数は、どれくらいでしょうか。中性子星になる前の鉄の塊は太陽質量の1・5倍で、ふくまれる陽子と中性子は半々くらいです。これが中性子星になる時、多くの陽子が中性子に変わるのですが、ここでは陽子の数が変わらないと仮定します。

するとこれより中性子星の原子番号は10^{57}となります。中性子星1個が元素1種に対応するとして、中性子星は我々の銀河系内に10^5個、観測可能な宇宙に10^{16}個あると見積もられていますから、原子番号10^{57}ほどの、周期表に載っていない元素が10^{16}種類ほどあるという勘定になります。

(*) ここで説明したのは重力崩壊型の超新星爆発です。星の中には核反応が暴走して爆発を起こすものもあり、鉄などは後者でも多量に作られます。

我々の体はどこかの星で作られた

我々の体の９割は、表３・０からわかるように、酸素Ｏ、炭素Ｃ、水素Ｈからなります。このうち酸素、炭素は星の中でヘリウムがぐつぐつ核融合して作られ、星風や超新星爆発で宇宙にばらまかれます。50億年前に宇宙空間のガスが集まって我々の太陽系ができるとき、その中に紛れ込んでいたのがこれらの元素です。

１割を占める窒素Ｎ以下の元素も、ほとんど恒星内のなんらかの核反応で合成されました。我々の体は数十億年前にどこかの星の中で作られたのです。

酸素、炭素、水素はその起源からわかるように、地球近辺だけに存在するわけではなく、銀河系のどこにいっても豊富にあります。そして以下に説明するように、これらを組み合わせると複雑で高機能な生命材料が作り出せます。そうすると、銀河系のどこかに生命が発生しているなら、やはり酸素、炭素、水素を材料に体を組み上げているのではないでしょうか。

我々地球の生命はＤＮＡやＲＮＡに遺伝情報を記録し、20種ほどのアミノ酸を組み合わせて何十万種ものタンパク質を作り、酸素（好みによっては硫化物など）を吸って二酸化炭素を吐き、太陽光を浴びて糖を生産し、遺伝情報を交換して子孫を生みます。

異星の生命はおそらくそのすべてのレベルで驚くほど我々とちがい、思いもよらない方法を採用していることでしょう。しかし、遺伝情報の記録媒体や、体の構成材料や酵素や、エネルギーの貯蔵・利用には、手近な材料である酸素、炭素、水素を用いるのが経済的で合理的でしょう。

もっとエキゾチックな、炭素のかわりにケイ素を用いる生命や、水惑星上ではなく宇宙空間に発生した星間ガス生命や、化学反応のかわりに核反応を利用する原子核生命なんてのを想像するのも楽しいですが、我々のようにありふれた素材からなる平々凡々な生命の方が多数派でしょう（全然まちがっていて、このような考えを地球の生命が持っていたことがあとで異星の生命の間で笑いもの、または笑いに相当する異星の行為の対象にならないとはいいきれませんが）。

では異星からの観察者の視線で、地球の生命がこれらの元素をどのように利用しているのか見ていきましょう。

酸素を取り込んで、なぜ酸化しないのか

いうまでもなく我々は単体の酸素O_2を呼吸しており、O_2がなければ生きていけません。しかしちょっと意外なことに、酸素ガスO_2がなくてもへっちゃらな生命や、それどころか酸素ガスが毒になる生命が存在します。細菌や藻のような、どちらかというと日陰者の生物種に見られます。

O_2は他の物質を酸化する強力な酸化剤です。酸素にさらせば鉄は錆び、紙は変色、ワインは酸っぱく、バイ菌は消毒とあいなります。我々は意識せずに酸素を呼吸していますが、これは酸素O_2を処理する仕組みが体内に備わっているからで、もしそういう仕組みがなければ体内のさまざまな物質を酸化されて生命活動がうまくいかないでしょう。

美容業界やサプリ業界では、体内の「活性酸素」や「酸素ラジカル」を除去するのが流行っていて、そういうナントカ酸素がシミやソバカスを作ったり、老化を進めたり、

酸素
O（"oxygen"）
語源："oxygen"の訳。"oxy"と"gen"は「酸」と「生まれる」のギリシャ語
原子番号：8
同位体：^{16}O ^{17}O ^{18}O
起源：恒星内部の核融合
存在量（質量比）：宇宙に0.00962、地殻に0.467、人体に0.650

ＤＮＡを壊したり、ガンの原因になったり、いろいろ恐ろしい事態を引き起こすので、さあこの商品を買いなさいと宣伝されています。宣伝の描き出すナントカ酸素は、現実の酸素とはかけ離れた虚構の存在でしょうが、その恐ろしい所業は現実の酸素の酸化力をヒントに創造されているわけです。

金星、火星など他の惑星の大気には酸素は単体O_2としてはほとんどありません。酸素O_2はその反応しやすい性質のため、他の物質と化合してすぐに大気から姿を消してしまうのです。ではどうして他の惑星にない酸素O_2が地球の大気には30％ほどあるかというと、みなさん御存じの光合成のおかげです。

植物が太陽光を利用して二酸化炭素CO_2から糖$C_6H_{12}O_6$を生成すると、副産物として酸素O_2が生じます。最近の研究によると、光合成を行なう葉緑体は元々は独立した生物で、それを別の生物が体内に取り込んで一緒に生活するようになったのが、現在の植物の起源といわれています。

この戦略は大当たりし、植物（の先祖）は数十億年前の海面を覆《おお》いつくし、大気は酸素O_2という毒で充満しました。といっても、酸素O_2で大気がいっぱいになるまでも数十億年かかったようですが。

この環境汚染で迷惑をこうむったのが、それまで酸素O_2のない環境に適応して暮らしていた生物です。毒にさらされ体内の化学反応をかきみだされシミやソバカスができ、化粧品もサプリもなしに新しい大気組成に対処するはめになりました。

酸素O_2に耐性を持ち、さらに酸素O_2を積極的に呼吸して利用する方法をあみ出した生物は栄え、適応できない生物は滅びるか、地中など酸素O_2のない環境に逃げ込みました。ちなみに、我々の細胞内で酸素O_2を処理する器官であるミトコンドリアもまた、元々は独立した生物で、それを我々の祖先の単細胞生物が体内に取り込んだと推測されています。ミトコンドリアは葉緑体と対照的に、糖を酸化させてエネルギーを取り出します。

ここで、「酸化」「酸素」「酸」などの紛らわしい日本語を整理しておきましょう。「酸」は酸《す》っぱい水です。水中に水素イオンH^+が多いと、舌は「酸っぱい」と感じ、逆に少ないと「苦い」と感じます。だから酸っぱいの反語は、甘いでもしょっぱいでもなく苦いです。甘酸っぱいという味はありますが、苦酸っぱいという味はあり得ません。炭酸（二酸化炭素CO_2が水に溶けたもの）、硫酸（酸化硫黄SO_3が水に溶けたもの）、塩酸HClなどはみな酸っぱい水です。酸っぱい水は「酸性」で、苦い水は「アルカリ性」です。

ラヴォアジェは、酸素が酸っぱ味の元だと思ったので、「酸っぱ味を作る」という意味のギリシャ語から「oxygen」と名付けました。しかし酸素は酸っぱ味の元ではなく、この名前は誤りです。

偉大な化学者ラヴォアジェは、酸素や燃焼についてのそれまでのさまざまな混乱を糺《ただ》したのですが、酸素に命名する時には新たな混乱を導入してしまったようです。さらにoxygenが日本語の「酸素」に訳される時、この誤りも忠実に翻訳されて伝わりました。「酸素」は「酸っぱい元素」と読めますね。

「酸化」という言葉は二通りの意味で使われます。ひとつは酸素と化合することです。一酸化炭素CO、酸化アルミニウムAl_2O_3などの名前がその例です。

ところで酸素は電子を強く吸い取る元素なので、物質が酸素と化合すると、物質から電子がもぎ取られます。ここから「酸化」のもうひとつの意味、「物質が電子をもぎ取られること」が生じました。塩化ナトリウムNaClを水に溶かすと現れるナトリウム・イオンNa^+は電子を奪われて酸化されています。「脱電子化」とでも呼ぶことにして、「酸」にまつわる混乱をさけたほうがよかったのではないかと筆者は思うのですが。

炭素からなり、炭素を食べ、炭素を排出する人間

炭素Cという、生物（と工業）にとってすぐれた特質を持つ有用な元素が、恒星内の核反応で大量生産される、宇宙に豊富な元素でもあることは、我々炭素系生物にとってたいへんに好都合でした。しかしこれはたまたま幸運が重なったというよりも、生物が手近にたくさんある材料を利用したという見方もできるでしょう。

我々は炭素からなり、炭素を食べ、炭素を排出します。炭素はセルロースやタンパク質として生物の構造材料となり、酵素を作って化学反応を制御し、糖やアデノシン三リン酸の形でエネルギーを貯え、DNAやRNAを構成して遺伝情報を記録します（表3・0によると、炭素よりも酸素Oのほうが体内に多いのですが、酸素のほとんどは水H_2Oとして存在します）。

炭素が複雑で高機能な分子を作れるのは、ひとつには炭素が周期表の右でも左でもなく真ん中にあるから、つまり

炭素
C（「炭素」の英語"carbon"）
語源："carbon"の訳語として1830年頃には成立
原子番号：6
同位体：^{12}C ^{13}C
起源：恒星内部の核融合
存在量（質量比）：宇宙に0.00307、地殻に2×10^{-4}、人体に0.18

外殻に電子を4個持つからです。これは他の原子と結び付く手が4本あるということです。

この4本の手を使って炭素は、3個の原子と結合して平面的な分子を作ったり、4個の原子と立体的な構造を作ったりできます（図5・2参照）。これがたとえば1本の手しかない水素だと、1個の原子としか手を結べませんから、複雑な構造の中心となることはできません（炭素が1個あるいは2個の原子と結合することもあります）。

炭素が電子を束縛する強さも丁度いい具合になっています。電子の束縛が弱いと多数の炭素どうしが金属結合をするので、金属結晶ができあがってしまい、やはりこれでは複雑な構造は作れません。

また、炭素だとたくさん連なってCH_2-CH_2-CH_2-CH_2……のような鎖を作れます。酸素Oのような原子だと、手は2本あっても、たくさん連なる鎖O-O-O-O……が不安定になります。

こうした炭素の性質は、無数の炭素化合物を存在可能にし、そのため生物が炭素を大いに利用してきたわけですが、このような性質はもちろん炭素を工業の素材としても魅力的にします。

おそらく人間による最初の炭素の工業的利用は、木炭、つまりエネルギー源としてでしょう。またこれが炭素という元素の発見の時と見なせるでしょう。その後人間は燃料とし

[図5.2 炭素の結合]

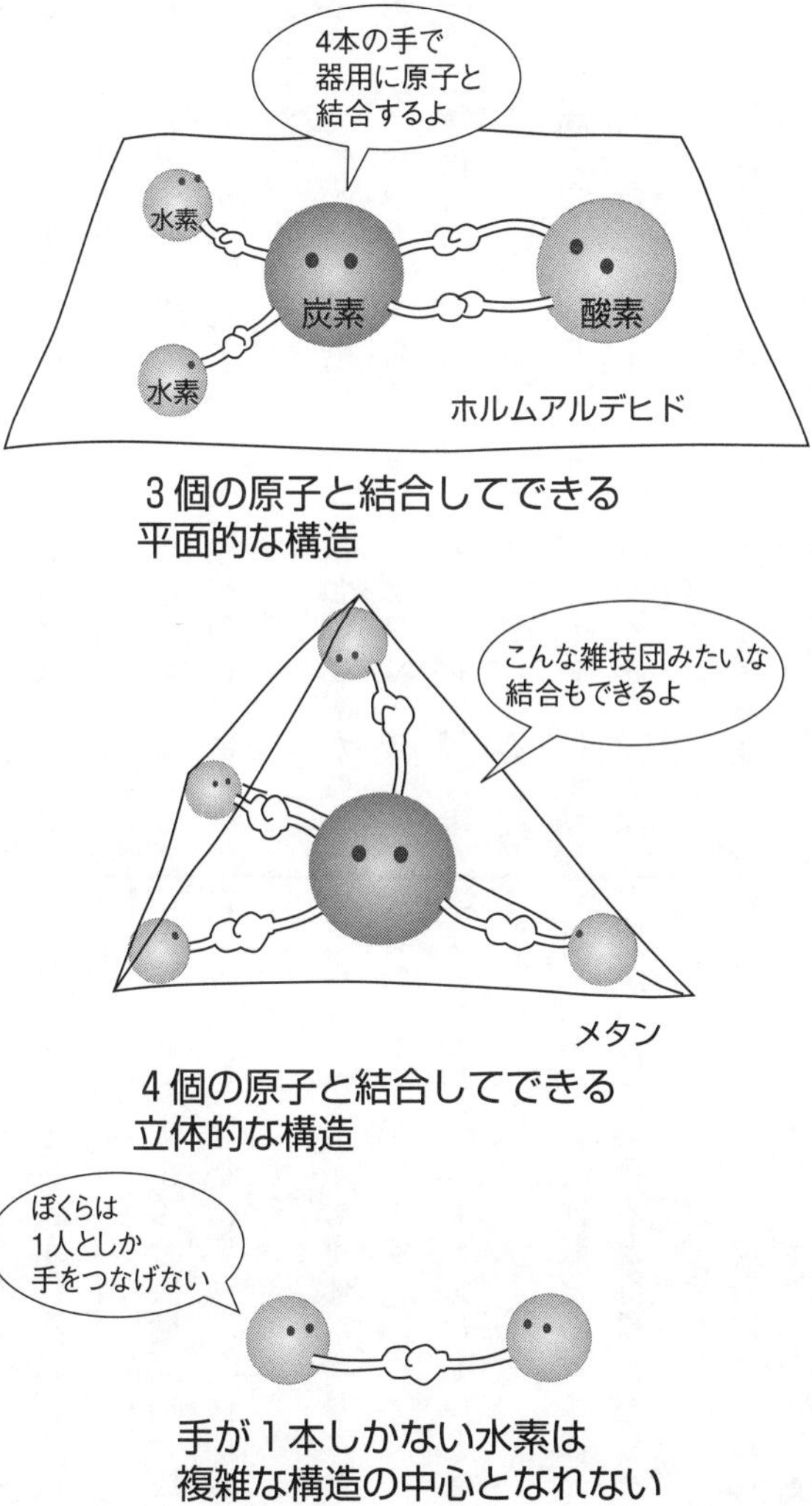
4本の手で
器用に原子と
結合するよ
水素
炭素
酸素
水素
ホルムアルデヒド
3個の原子と結合してできる
平面的な構造
こんな雑技団みたいな
結合もできるよ
メタン
4個の原子と結合してできる
立体的な構造
ぼくらは
1人としか
手をつなげない
手が1本しかない水素は
複雑な構造の中心となれない

て石炭や石油という炭素化合物を使うようになり、さらに石油化学の手法を発達させ、炭素分子を燃やすだけでなくてその機能を利用するようになり、やっと生物が体内に持つ炭素利用のテクノロジーを真似しようとしています。

特に構造材料の分野では、自然界にはまず見られない人間オリジナルの合成樹脂や合成繊維がいくつか作られています。最初の合成繊維ナイロンは1938年にデュポン社が開発しました。

ポリエステルは合成繊維として使われますが、いわゆるペットボトルも正体はポリエステルです。ペットボトルを再生するとフリース生地になるのもうなずけます。

一日に数枚の率で家の中に増えていくレジ袋はポリエチレン製です。レジ袋はしばしば「ビニール袋」と誤って呼ばれますが、ポリビニル製ではありません。

カップ麺の容器はポリスチレン、タッパーはポリプロピレンです。しかしタッパーのふたはしばしば熱に弱いポリエチレンで、ふたを一緒に食器洗い機にかけると惨事になります。

これらの合成樹脂・合成繊維は炭素と水素などの化合物ですが、最近、炭素だけからなる構造材料が作られました。フラーレンとカーボン・ナノチューブです。炭素だけからなるということは、これらはつまりダイヤモンドと黒鉛につづく三番目と四番目の炭素の単体です。

フラーレンは炭素を60個サッカー・ボールの形に配置した分子です。フラーレンに似たドーム建築を設計したリチャード・バックミンスター・フラー（１８９５〜１９８３）にちなんで「フラーレン」あるいは「バッキーボール」と呼ばれます（*）。フラーレンは安定な粒子として振る舞い、結晶を作り、他の原子や分子と反応します。その特性は炭素とも他の原子とも全く異なるので、新しい原子の発見にもたとえられます。

カーボン・ナノチューブは１９９１年、飯島澄男名城大教授・ＮＥＣ主席研究員によって発見された（**）、炭素を筒状につなぎ合わせた物質です。工業的に利用しやすい繊維状をしていること、大変に強度が高いこと、半導体になったり金属になったり絶縁体になったりと奇妙な電気的性質を示すこと、太さや形状の異なるカーボン・ナノチューブが半導体製造に似た工程で合成できることなどから、高強度繊維、高強度建築材料、電子銃、新しい原理の電子デバイスなどなどさまざまな応用が期待され、研究されています。（筆者も応用研究に携わっているくらいです）。

ただし今のところ、フラーレンにしろカーボン・ナノチューブにしろ、目覚ましい実用化商品が出てきて、旧技術の製品の性能を何桁も上回るというような事態にはなっていません。新しい基礎研究がなされてから、それが実用化されるまでには数十年から百年かかるものだという説もあります。とすると、フラーレンやカーボン・ナノチューブの真価に人間が気づくのにもそれくらいかかるのかもしれません。

(*) バックミンスター・フラーは建築家であり発明家であり思想家その他でした。人類は地球でいかに生きるべきかという問題を生涯のテーマとし、多くの著書をしるし、講演を行ない、「宇宙船地球号」ということばを世界的に流行らせました。独特のデザイン思想に基づいてドーム建築（ジオデシック・ドーム）や自動車（ダイマクション・カー）や図法（ダイマクション地図）を発明しましたが、商業的にはパッとしなかったようです。バックミンスター・フラーを支持する人は、彼を現代のレオナルド・ダ・ヴィンチと呼びます。

(**) 1952年のソ連の研究者の報告が最初のカーボン・ナノチューブの報告だともいわれます。

第6章　あるはずの新元素を探して

～周期表を埋める人工元素と放射性元素

人工元素テクネチウム

メンデレーエフは1871年、周期表を発表し、いくつか未知の元素を予言しました。エカアルミニウムことガリウムGaは予言から4年後の1875年に、エカホウ素ことスカンジウムScはさらに4年後の1879年に発見されました。

テクネチウム
Tc ("technetium")
語源：「人工」のギリシャ語「テクネトス」
原子番号：43
同位体：^{99}Tc（寿命3.0×10^5年）
起源：加速器による原子核衝突、ウランやトリウムなどの崩壊
存在量（質量比）：宇宙にほぼ0、地殻にほぼ0、人体にほぼ0

メンデレーエフの周期表が元素を予言できることが知れ渡り、新元素らしきものが見つかるとそれが周期表上でどこに位置するのか確かめられるようになり、1886年にエカケイ素ことゲルマニウムGeが発見されました。

ところが、メンデレーエフの予言した4番目の元素エカマンガンはそれから何十年も見つかりませんでした。

化学者がエカマンガンを必死で探し、時には発見の誤報が流れているあいだに、不活性ガスが周期表に加わって列が増え、希土類が現われてランタノイドがはみ出し、量子力学が元素の理解を劇的に変えました。しかし天然のエカ

マンガンは見つからないままでした。

１９３６年、サイクロトロン装置によって重水素^{2}Dとモリブデン Mo の原子核がぶつけられ、エカマンガンことテクネチウム Tc の原子核が合成されました。ここにおいて、ビッグ・バン３分後と恒星内部と宇宙線衝突とその他よく知られていない宇宙の高エネルギー現象に並ぶ、新たな元素合成の場が確立しました。人間の建造した粒子加速器です。

粒子加速器とは、原子核や陽子や電子やその他の粒子を電磁場の中で加速する装置です。そうして加速した粒子を衝突させ、ばらばらにぶっ壊して中からどんな粒子が飛び出すか調べたり、あるいは新しい粒子を作り出すのが目的です。サイクロトロン装置は磁場の中で粒子をぐるぐるまわらせながら加速するタイプの粒子加速器です。

原子核どうしを衝突させると、くっついて新しい原子核ができることは、テクネチウムの合成以前からわかっていました。しかしエカマンガンのような原子番号の大きな重い原子核を合成するのは難しく、さらに、成功しても当時の装置では10^{-13} kg といったごくごく微量しか生成せず、化学的に検出するのは高い技術が必要でした。

おまけに当時の物理学者は、人工的にエカマンガンを合成したと化学者を説得しなければならず、これにまた時間がかかりました。化学の用語も（たぶん）ろくに知らない物理学者が、真空ポンプのホースと電線のからまるおかしな装置で、錬金術よろしく元素を作り出して、それが長年化学者の追い求めてきたエカマンガンだなんて主張を、はたして受け入れていいものでしょうか。

化学者が人工元素と天然元素を区別する理由がないと納得するまで、11年もエカマンガンには名前もつけられませんでした（新元素は発見者が命名することになっています）。もっとも、天文学者が太陽のスペクトル上に発見したヘリウムが化学者に認められるまでには四半世紀もかかっていますから、それにくらべればテクネチウムは早く受け入れられたといえるでしょう。

合成されたテクネチウム^{99}Tcは寿命30万年で崩壊し、電子を放出してルテニウム^{99}Ruに変わります。これが天然にテクネチウムが見つからなかった理由です。地球ができたときにテクネチウムが存在したとしても、現在までに崩壊しきってしまったでしょう。

しかし、天然の元素ウランは崩壊すると、ある確率でテクネチウムに変わります。そのためウランが含まれる鉱石には微量ながらテクネチウムがふくまれます。ウラン鉱石を探したところ、予想どおり天然テクネチウムが見つかりました。テクネチウムが新元素として認められたのは、天然テクネチウムが発見されたあとでした。テクネチウムが本当に天然に存在しない、加速器の中だけの元素なら、認められるのはもっと時間がかかったかもしれません。

現在では加速器による元素合成を疑うものはなく、新元素が次々と加速器によって合成されています。しかし新元素が認められるにはやはり合成されてから数年かかり、現在も審議中の新元素候補がいくつもあります。

キュリー夫人と放射性物質

　もちろん人工元素ばかりが放射性元素ではありません。最初に研究されたのは天然の放射性元素のほうです。かの有名なマリー・キュリー（１８６７〜１９３４）とピエール・キュリー（１８５９〜１９０６）の夫婦はウランUの放射能を研究し、ノーベル物理学賞を受賞しました。「radioactivity」（放射能）はマリー・キュリーの命名です。さらにマリー・キュリーはポロニウムPoとラジウムRaを発見した功績でノーベル化学賞を受賞しました。ウラン、ポロニウム、ラジウムはいずれも天然の放射性元素です。

　マリー・キュリーは超一流の物理学者であり、生まれ故郷ポーランドの名を元素につける愛国者であり、自ら開

ポロニウム

Po（"polonium"）

語源：ポーランド

原子番号：84

同位体：^{209}Po（寿命149年）

起源：超新星爆発、ウランやトリウムなどの崩壊

存在量（質量比）：宇宙にほぼ0、地殻にほぼ0、人体にほぼ0

ラジウム

Ra（"radium"）

語源：「光線」のラテン語「ラディウス」

原子番号：88

同位体：^{226}Ra（寿命2.3×10^{3}年）

起源：超新星爆発、ウランやトリウムなどの崩壊

存在量（質量比）：宇宙にほぼ0、地殻にほぼ0、人体にほぼ0

発したレントゲン車を戦場に駆って負傷兵を救った行動派であり、そして女性でした。

ピエール・キュリーもすぐれた物理学者でしたが、妻ほどではなかったため、そして彼が女性ではなかったため、彼女ほど有名にはならず、「マリー・キュリーの夫」として名を残すことになりました(*)。彼女はある種のスターとなり、ゴシップ紙の標的となり、無数の伝記が書かれました。

キュリー夫妻の二女エーヴ・キュリー(1904〜2007)による伝記「Madame Curie」が『キュリー夫人伝』と題して訳されると、どういうわけかこれはマリー・キュリーの日本での通称となり、訳書であれ日本人作家の作品であれ、彼女の伝記はほぼすべて「キュリー夫人」と題されることになりました。中には「The Radium Woman」(ラジウム・ウーマン)というカッコいい原題の伝記もあったのですが……(**)。

二人のキュリーは粗末な実験室で何トンもの鉱石を砕いて化学的に分別処理し、ごく微量ふくまれているはずの未知の物質を探しました。そして放射性元素を2種類見つけ、ポロニウムPoとラジウムRaと名付けました。

ラジウムは暗闇の中でぼおっと光りました。放射線は目に見えませんが、放射線を当てると可視光（蛍光）を発する物質があり、キュリー夫妻の抽出していた塩化ラジウムはそういう物質だったのです。

マリー・キュリーは無邪気に書き残しています。


私たちの喜びの一つは、夜私たちの仕事部屋に入ることでした。そこでは、私たちの生成物を入れたビンや蒸発皿のかすかに光るシルエットを、あらゆる方向から認めることができました。それは本当に美しいながめで、私たちにとっていつも新鮮でした。輝く試験管はかすかなおとぎ話の光のように思われました。（メアリ・エルヴァイラ・ウィークス、ヘンリ・M・レスター『元素発見の歴史3』朝倉書店、１９９０）

この記述は彼らの実験室が放射性物質で汚染されていたことを示しています。蛍光が肉眼で認められるほどの放射能は大変に危険です。放射線検出器を持ち込んだら、針が振り切れたことでしょう。

またマリー・キュリーは放射性物質入りの試験管をポケットに入れて持ち運び、机の引き出しにしまいました。現在では放射性物質のこのようなずさんな管理は日本でもフランスでも法律で禁じられています。当時は、キュリー夫妻のような放射線について世界で一番詳しい人々でさえ、放射線の危険性をよく認識していませんでした。マリー・キュリーの肉体はこのような研究生活でむしばまれ、放射線障害による白血病で死にました。

(*) もしピエール・キュリーが女性差別主義者だったなら、「マリー・キュリーの夫」として記憶されることをあまり名誉とは感じられなかったでしょうが、そもそも彼が女性差別主義者なら、マリー・キュリーは業績を挙げられなかったでしょう。

(**) マリー・キュリーがなぜ日本でキュリー夫人と呼ばれるのか、このあたりの事情は『紅一点論』(斎藤美奈子、筑摩書房、2001) で分析されています。

エレノア・ドーリーの「The Radium Woman」(ラジウム・ウーマン) は、ファーブルを書いた「The Insect Man」(ムシ男)、パスツールを書いた「The Microbe Man」(細菌男) とシリーズをなしていたようです。いずれの題も日本の出版社には嫌われ、それぞれ『キュリー夫人―光は悲しみをこえて』、『虫の詩人ファーブル』、『微生物のかりゅうどパスツール』と改名されました。

原子力発電と核分裂爆弾のモト

キュリー夫妻やその同業者たちが明らかにした、放射能の基本をおさらいします。図6・0を見てください。

原子核の中には不安定な種類があり、時間が経つと崩壊し、放射線を出して別の原子核に変わります。たとえばポロニウム$^{218}\mathrm{Po}$は寿命200日で崩壊して鉛$^{206}\mathrm{Pb}$に変わります。ここでいう「寿命」は多くの原子核の平均寿命です。崩壊するまでの時間は個々の原子核でちがい、ある原子核がいつ崩壊するかは確率でしかわかりません。崩壊して放射線を出す能力あるいは性質を「放射能」といいます。

主な放射線はα《アルファ》線、β《ベータ》線、γ《ガンマ》線と名付けられています。α線の正体はヘリウム$^{4}\mathrm{He}$の原子核です。質量数が多すぎる重い原子核がこのたぐいの崩壊をします。ポロニウム$^{208}\mathrm{Po}$が鉛$^{206}\mathrm{Pb}$に変わるのはα崩壊です。

質量数が多すぎる原子核は、α崩壊の他に「自発核分裂」をする場合があります。ウランUやプルトニウムPuは自発核分裂をすることがあり、核分裂したあとどんな元素になるかは決まっていません。「自発でない」核分裂は、中性子などを撃ち込まれて起きるもの

［図6.0 崩壊のいろいろ］

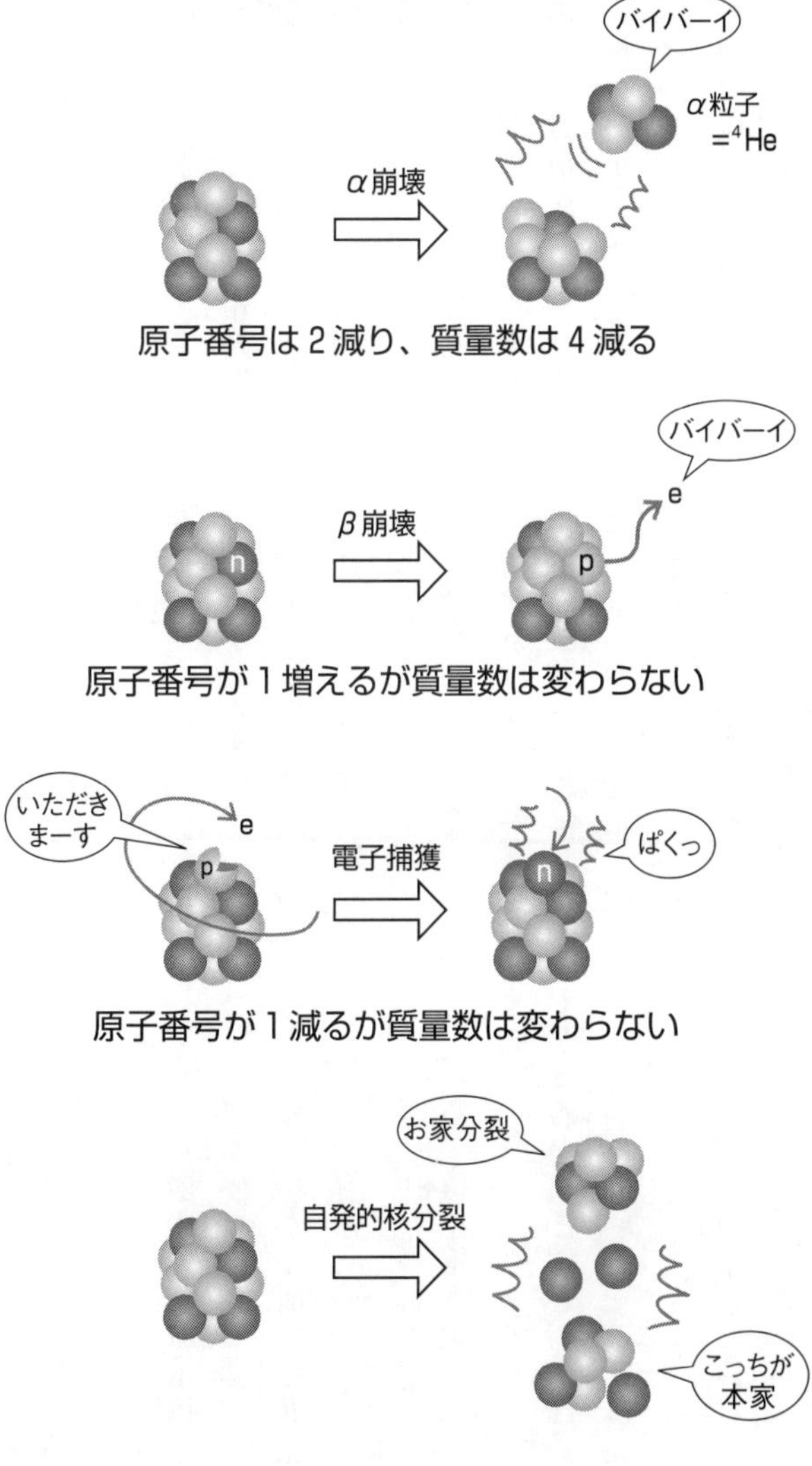
バイバーイ
α粒子
$=^{4}He$
α崩壊
原子番号は2減り、質量数は4減る
バイバーイ
e
β崩壊
n
p
原子番号が1増えるが質量数は変わらない
いただきまーす
e
p
電子捕獲
n
ぱくっ
原子番号が1減るが質量数は変わらない
お家分裂
自発的核分裂
こっちが本家

で、これを利用するのが原子力発電や核分裂爆弾です。

β線は電子です。β崩壊するのは中性子が多すぎる原子核です。たとえばテクネチウム^{99}Tcは電子＝β線を出してルテニウム^{99}Ruになります。

反対に陽子が多すぎると、β^+線（陽電子）を出してβ^+崩壊します。β^+崩壊する原子核は電子捕獲という種類の崩壊もすることがあります。

γ線は電磁波です。γ線だけを出すような崩壊形式はありません。原子核がα崩壊やβ崩壊をした際にγ線もついでに出ることがあります。

原子核にふくまれる陽子と中性子の数をいろいろ変えれば、安定な原子核や不安定な原子核、寿命の長いものや短いもの、β崩壊するものや電子捕獲するもの、さまざまな原子核ができあがります。原子核中の陽子の数がわかれば、どの元素かはわかりますが、中性子の数もわからないと安定か放射性かはわかりません。だから、元素名を聞いただけでは放射性かどうかは普通は判断がつきません。

しかし陽子が43個のテクネチウムTcだと、中性子を何個合わせても安定な原子核は作れません。テクネチウムに安定な同位体はなく、放射性同位体だけです。テクネチウムは

「放射性元素」といっていいでしょう。テクネチウムTcとプロメチウムPm、それから原子番号がポロニウムPo以上の元素は放射性元素です。

これら放射元素を集めても、見るまに崩壊していくので、自然の原子量を定義できません。口絵の周期表では、そのような放射性元素については、原子量のかわりに最も安定な同位体の質量数を（　）にいれて示してあります。

人体に放射線が通過すると

キュリー夫妻やその同業者たちが身をもって明らかにした、放射能の人体への影響をおさらいします。

放射線が人体を通過すると、通り道にある分子をぶっ壊します。電子ははじき飛ばされ原子核はちがう核種に変わり、分子結合はでたらめにつなぎ変えられます。α線、β線などの荷電粒子と、原子核と反応する中性子、電磁波γ線では、ぶっ壊し方がちがうのですが、ここではそこまでは論じません。

読者が地下数kmにいるのでもない限り、この瞬間も自然の放射線を浴びています。そのほとんどはミューオンという粒子で、上空から1個/cm^2sくらいの率で降ってきて、体内の分子をぶっ壊しています。けれどもその程度の被爆では、健康に障りありません。放射線による分子の傷は体が治します。

DNAが傷を受けた場合は、DNA修復酵素というものが治します。治す際には壊れた遺伝情報を修復する必要があります。こういう時のためにDNAは二重螺旋《らせん》になっていて、対となる螺旋の対応する個所を読めば、壊れた部分の遺伝情報を補完できます。自然は遺伝情報のバックアップをとってあるわけです。

放射線が強いと、DNAの傷が増え、バックアップも同時に壊れる確率が高まります。染色体は2本ずつ対になっているので、二重螺旋が両方とも壊れた場合はDNA修復酵素が相同染色体から遺伝情報を読んでくるそうです。しかしどれほど自然が厳重な安全策をとっても、放射線が強烈なら、すべてのバックアップが失われて遺伝情報が修復不能になることはあり得ます。

DNAが回復不能なまでに壊れると、やがてはその細胞は死にますが、その前にまず細胞分裂ができなくなります。細胞分裂の際にはDNAをコピーしますが、ズタズタのDNAではとても無理でしょう。

したがって、強烈な放射線を浴びると、細胞分裂をともなう機能にまず最初にダメージが現われます。第一に傷がふさがりません。被曝にともなって火傷を負ったり皮膚が壊死《えし》することがしばしばありますが、この傷口がなかなか治らず、患者を苦しめます。

それから赤血球などの血球は細胞分裂で生産される特殊な細胞ですが、これが作れなくなり、白血病になります。食べ物の処理で酷使される腸の上皮細胞は消耗が激しく、絶えず補充されていますが、補充が止まると脱水・下痢などの症状が現われます。

精子もまた細胞分裂で生産される特殊な細胞で、男性の生殖機能は放射線によって停止します（男性の精子とは反対に、女性の卵母細胞は細胞分裂をせず、しかも染色体の数が普通の細胞の2倍（4n+XXXX）なので、放射線に強いという説があります。だからといって被曝していいわけではありませんが）。

たとえ卵母細胞が放射線に強くても、それの成長した姿である胎児や新生児は、盛んに細胞分裂をしているため、放射線に敏感です。医療でX線撮影をする時、女性は妊娠していないか確認をとられるのは、そういう理由です。

弱い放射線なら急性症状は現われませんが、それでも体内のあちこちの細胞でDNAが修復不能なほど損傷したり、情報が書き変わっているかもしれません。そういう細胞がひっそり死んでくれれば大した害はないのですが、時にはガン化することがあります。細胞分裂ができなくなるのではなく、めちゃくちゃなコピーを粗製乱造してめったやたらに細胞が増殖していきます。

被曝後何年もたってから発症するガン。被曝にあった人はこの不安をかかえて暮らさなければならず、また多くの場合には発病しても原因の特定が困難です。人々が放射能に感じる不安の大きな要因でしょう。

最後の天然元素ウラン

ウランUは核燃料としてよく知られています。安定な同位体がなく、放射性元素といえます。ごくわずかながら天然に存在し、徐々に崩壊しています。ウラン^{238}Uの寿命は64億年、^{235}Uの寿命は10億年と、放射性元素の中では例外的に長く、地球の年齢45億年に匹敵《ひってき》するので、地球誕生時のウランがまだ残っています。

ウラン
U（"Uran"）
語源：「天王星」のドイツ語「ウラヌス」
原子番号：92
同位体：^{238}U（寿命6.4×10^{9}年）
起源：超新星爆発
存在量（質量比）：宇宙に5.41×10^{-11}、地殻に1.8×10^{-6}、人体に10^{-9}以下

プルトニウム
Pu（"plutonium"）
語源：「冥王星」の英語「プルートー」
原子番号：94
同位体：^{242}Pu（寿命5.386×10^{5}年）
起源：超新星爆発、ウランと中性子の核反応
存在量（質量比）：宇宙にほぼ0、地殻にほぼ0、人体にほぼ0

原子番号84以上の元素はすべて放射性元素ですが、地球年齢に匹敵するものはウランと200億年のトリウム^{232}Thくらいです。あとは地球年齢にくらべて桁ちがいに短寿命で、地球誕生時のものはほとんど残っていません。

それではキュリー夫妻の見つけたポロニウムPoとラジウムRaなどの、短寿

命の天然元素はどこからきたのでしょう。^{210}Poの寿命は200日、^{226}Raは2300年です。これらはどこかの超新星爆発で生まれて地球誕生時に紛れ込んだものではありません。もし地球が純粋なラジウム^{226}Raでできていたとしても、45億年たてば崩壊し尽くして、ただの1原子も残りません。

天然に存在するこれら短寿命の放射性元素は、ウランやトリウムが崩壊してできた娘核種や、その娘核種がまた崩壊してできた孫核種や、そのさらに子孫の核種です。なので、これらの天然の存在量はウランとトリウムの存在量が決めています。

ウランやトリウムよりも大きな質量数の原子核はウランやトリウムの崩壊からは生まれません(*)。こういう元素はすべて人工的に合成されて「発見」されました。ウランは最後の天然元素といえるかもしれません。

天然ウランはほとんど同位体^{238}Uからなり、^{235}Uは0・7%ほどしかふくまれません。^{235}Uは、中性子をぶつけてやることによって人為的に核分裂を引き起こすことができます。中性子が当たって無理やり核分裂させられた^{235}Uは新たな中性子を発射するので、もし^{235}Uの濃度が高ければ、この中性子がとなりの^{235}Uにぶつかり、次々と核分裂が進行し、いわゆる連鎖反応が起きます。

ウラン^{235}Uの含有量の高い塊を作ると、爆弾ができます。1945年8月6日に米国が広島に用いた核分裂爆弾は、2個のウランの断片が用意され、これが機械的にくっつけられて計64・1kgの塊になり、爆発する仕組みになっていました。その結果と意味について論じることは本書の限られたスペースではあきらめざるを得ません。

天然のウランにふくまれる^{235}Uは連鎖反応を起こすには濃度が低いので、遠心分離機などを用いて^{235}Uの濃度を高めた「濃縮ウラン」を核燃料として用います。天然ウランから^{235}Uを取り去った残り滓は^{238}Uばかりの「劣化ウラン」です。たとえば^{235}Uの濃度を6倍に高めるためには、製品である濃縮ウランの5倍の量の劣化ウランが廃棄物として生じます。

ウランは密度が19g/cm^{3}と、鉛の2倍近くあり、しかも鉛より硬いため、劣化ウランは弾頭、装甲、航空機や船のバランスをとるための重りなどに使われています。廃棄物のリサイクルというわけです。航空機の事故があると、劣化ウランが機体に使われていたかどうか、回収できたかどうかがしばしば問題になります。物騒なリサイクルです。

核燃料としてウランに次いで使われるプルトニウムPuは、両方とも惑星の名にちなんで命名されました。ウラヌス（天王星）とプルートー（冥王星）です（もちろん元々はギリシャ・ローマ神話の神の名ですが）。ところが２００６年に国際天文学連合は冥王星を惑星に分類しない定義を採択してしまいました。以来、プルトニウムは「矮《わい》惑星（**）」にちなんで命名された元素ということになります。

それにしても、惑星にちなんで元素を命名するとは、古代中国の元素思想、五行説とも共通する発想ですね。五行説では、金星、水星、火星、木星、土星のそれぞれの惑星に金、水、火、木、土の元素が対応すると考えます。ちなみに、この五惑星に日と月を加えたのが七曜、つまり一週間の曜日です。

プルトニウムはウラン^{238}Uに中性子を照射して合成する人工元素です。同位体の中でも^{239}Puは、生成が容易なこと、寿命が３５０００年と比較的安定で、工場で加工している間に崩壊したりしないことなど、核燃料として有用な性質を持っています。ウランとプルトニウムは原子力利用の黎明期からともに使用されてきました。たとえば１９４５年８月９日に米国が長崎に用いた核分裂爆弾はプルトニウムを燃料にしていました。

核燃料としてウラン^{235}Uを使用すると、劣化ウラン^{238}Uが生じてしまうので、これに中性子を照射して^{239}Puを作れば、新たな核燃料ができて廃棄物のリサイクルとなるというわけですが、これを環境にやさしいとかエコだとかいう評価はあまり聞きません。

(*) ウランに中性子が飛び込む反応により、ウランより質量数の大きな核種がごくごく微量、地中に生成します。

(**)「dwarf planet」の正式な和名が「矮惑星」となるかどうかは、2007年現在、未定です。

どこまで伸びるか周期表

口絵0・0周期表の最後のほう、112番以降には、ウンウンナントカという変な名前の「元素」が並んでいます。これらは仮称で、将来、IUPAC（国際純正・応用化学連合）によって新元素と認定されれば、正式な名前がつきます。その時の命名は発見者の案が尊重される建前になっています。現在の仮称は原子番号を「ウン（1）」とか「ビ（2）」とか「ニル（0）」などと読み替えてつけます。

ウンウンオクチウム
Uuo（"ununoctium"）
語源：「1」を表わす「ウン」と「8」を表わす「オクト」
原子番号：118
同位体：^{294}Uuo（寿命8.9×10^{-4}秒）
起源：加速器による原子核衝突
存在量（質量比）：宇宙にほぼ0、地殻にほぼ0、人体にほぼ0

ウランよりあとの元素は、原子核に放射線を当てたり、加速器で原子核を衝突させて合成します。やみくもにやっても駄目で、どういう核種を作るにはなにとなにをどういうエネルギーでぶつければいいか、どのように検出器を設置するのがベストか、慎重に見積もり、計算機であらかじめシミュレーションし、ときには何カ月も装置を稼働させて合成実験を行ないます。それでも見積もりがまちがっていて、思ったような反応が得られないこともよくあります。

新元素合成（発見）の報告の後、それが正しいかどうか認定されるまで、何年もかかります。合成と認定には研究グループ間、国家間の、威信・研究費・研究者のキャリア・その他を賭けた熾烈な競争があり、命名はしばしば政治的に行なわれます。カリホルニウムCf、ドブニウムDb、ダームスタチウムDsはそれぞれ米国、ソ連（当時）、西ドイツ（当時）の誇る研究施設の所在地にちなみますが、これらの研究所の元素合成の報告がかち合うとややこしいことになります。

たとえば104番元素は、米国カリフォルニアのバークレー研究所とソ連のドゥブナ合同原子核研究所の双方が合成を報告しました。新元素名としてバークレー研究所は「原子核物理の父」アーネスト・ラザフォード（1871～1937）を讃えるラザホージウムを提案し、ドゥブナ合同原子核研究所は「ソ連の原爆の父」イーゴリ・クルチャトフ（1903～1960）の名をとってクルチャトビウムを提案しました。IUPACは最初はロシア側を懐柔する意図を持ってか、ドブニウムを提案しましたが、結局バークレー研究所の提案どおりラザホージウムRfに決定しました。

研究グループ間、研究者間のこうした競争は、よい方向に働くとは限りません。199

９年、まだ１１４番元素までしか報告のないころ、バークレー研究所は１１６番と１１８番元素の合成に成功したと発表し、元素合成競争のトップに立ちました。しかしドイツと日本のグループが追試しても、同じ結果は出てきませんでした。バークレー研究所が自分たちで追試したところ、ヴィクトル・ニノフ博士（生年不詳〜）がデータを解析したときだけ１１８番元素が見つかり、他の人が同じデータを解析すると見つかりません。計算機のログを調べてみると、ニノフ博士のアカウントによってデータが改竄された形跡がありました。ニノフ博士は解雇され、１１８番元素発見の論文は撤回されました。

　このころは、ベル研究所でも捏造《ねつぞう》（*）が明るみに出るなど、「研究者に対する信頼」を揺るがす事件が相次ぎました。両事件は世界に報道されました。

　こういうウンウン元素は（捏造しないとして）どこまで合成できるのでしょうか。現在の理論によれば、６０００種以上の核種が合成可能と見積もられていますが、そのうち２０００種ほどしか確認されていません。残り４０００種のうち周期表に載るのは、陽子の数が１１７のものと１１９以上です。陽子はいくつまで原子核の中につめ込めるのでしょうか。数百くらいいけるのでしょうか。

　実をいうと、新しい原子核の性質は実際に合成してみないとわからないところがあります。合成する前から原子核の励起状態や寿命や反応の断面積などが正確にわかるなら、合成方法もわかり、合成がもっと簡単にできるでしょう。研究グループの苦労と競争は当分つづきそうです。

ウンウン元素の中には日本の研究グループが最初に合成したものもあります。113番のウンウントリウムUutは理研の加速器によって2個合成されました。ただしドゥブナ合同原子核研究所と米国ローレンス・リバモア国立研究所の共同グループも、ウンウントリウムを最初に合成したと報告しています。もし理研のグループが最初の合成者としてIUPACに認められれば、彼らの提案する「ジャポニウムJp」または「リケニウムRk」が名前につけられるかもしれません。ところで研究所の所在地を名前につけるという伝統に従えば、埼玉県和光市にちなんで「サイタミウム」とか「ワキウム」なども候補になりうると思うのですが、なぜかこちらは検討された様子がありません。

(*) ベル研究所のヤン・ヘンドリック・シェーン博士（1970〜）が、分子トランジスタの製作に成功するなど革新的な成果を次々挙げましたが、実はそのほぼすべてが捏造だったという事件。

原子核だって複雑だ

さてメンデレーエフの周期表に始まって、これまで元素のさまざまな顔を（いささか駆け足で）眺めてきて、とうとう人間が元素を合成して周期表を伸ばすところまできてしまいました。話が前後・脱線することもありましたが、人間の元素に対する理解の歴史をおさらいしたわけです。元素の概念の萌芽から、周期表の発見を経て、ついには原子核の操作が可能になりました。

周期表上には、電子軌道の性質は反映されていますが、原子核の内部事情はほとんど見えません。元素の化学的性質は電子軌道で決まり、中性子が何個か多かろうが少なかろうが、ほとんど化学反応に差は生じません。

では中性子の数は人間にとってどうでもいいかというと、この章で見てきたように、ウランやプルトニウムの原子核中の中性子の数は社会や国家に深刻な影響をもたらします。あるいは原子核どうしが衝突してできた断片に陽子が１１８個ふくまれているかどうかはある分野の人々の重大な関心事になります。

陽子と中性子という単純な要素の足し算が、意外に個性的な原子核群を作り出し、しかもそれが人間の社会に大きな影響を与えるさまは、原子核と電子の組み合わせである原子が複雑で豊かな世界を形作るさまにも似ています。

しかもその複雑さ豊かさは時間とともにますます手がつけられなくなっていくのが宇宙の法則のようです。水素とヘリウムとリチウムだけだったビッグ・バン後の宇宙は恒星の核融合と超新星爆発によって重元素を供給され、その重元素が組み合わさってできた人間が加速器を操って新たな元素を合成します。そしてそうした元素や核種が人間の社会を成り立たせ、歴史を転がしたり、つまずかせたりします。

世界は元素という単純な要素に、あるいは原子核と電子という要素に、陽子と中性子に、分解できるのでしょうが、だからといってその要素を支配するミクロなルールから世界を演繹できることにはなりません。世界は要素から想像できないほど複雑なのです。

参考文献

［表２・０］

地殻内の存在量：杉村新、中村保夫、井田喜明編『図説地球科学』（岩波書店、１９８８）

価格：ロンドン金属取引所およびMetal Bulletinほか提供のデータ

用途、埋蔵国：牧野和孝、大好直、狩野一憲『希少金属データベース』（日刊工業新聞社、１９９９）

をもとに、それぞれ筆者作成

［元素の枠囲みのネーム］

語源：竹本喜一、金岡喜久子『化学語源物語』（１９８６、化学同人）、メアリ・エルヴァイラ・ウィークス、ヘンリ・M・レスター、大沼正則監訳『元素発見の歴史1』～『3』（朝倉書店、１９９０）、日本国語大辞典第二版編集委員会『日本国語大辞典第二版』（小学館、２００１）、白川静『字通』（平凡社、１９９６）

宇宙の存在量：Edward Anders、Nicolas Grevesse『Abundances of the elements - Meteoritic and solar』（１９８９、Geochimica et Cosmochimica Acta、vol.53、p１９７）

ヘリウムをのぞく地殻の存在量：杉村新、中村保夫、井田喜明編、『図説地球科学』（岩波書店、１９８８）から筆者計算

ヘリウムの地殻の存在量：Don L. Anderson、『A model to explain the various paradoxes associated with mantle noble gas geochemistry』（１９９８、Proc. Natl. Acad. Sci. USA、vol.95、p９０８７）から筆者計算

人体の存在量：桜井弘、田中英彦『金属は人体になぜ必要か』（講談社、１９９６）

青春新書
INTELLIGENCE

こころ涌き立つ「知」の冒険

いまを生きる

〝青春新書〟は昭和三一年に――若い日に常にあなたの心の友として、その糧となり実になる多様な知恵が、生きる指標として勇気と力になり、すぐに役立つ――をモットーに創刊された。

そして昭和三八年、新しい時代の気運の中で、新書〝プレイブックス〟にその役目のバトンを渡した。「人生を自由自在に活動《プレイ》する」のキャッチコピーのもと――すべてのうっ積を吹きとばし、自由闊達な活動力を培養し、勇気と自信を生み出す最も楽しいシリーズ――となった。

いまや、私たちはバブル経済崩壊後の混沌とした価値観のただ中にいる。その価値観は常に未曾有の変貌を見せ、社会は少子高齢化し、地球規模の環境問題等は解決の兆しを見せない。私たちはあらゆる不安と懐疑に対峙している。

本シリーズ〝青春新書インテリジェンス〟はまさに、この時代の欲求によってプレイブックスから分化・刊行された。それは即ち、「心の中に自らの青春の輝きを失わない旺盛な知力、活力への欲求」に他ならない。応えるべきキャッチコピーは「こころ涌き立つ〝知〟の冒険」である。

予測のつかない時代にあって、一人ひとりの足元を照らし出すシリーズでありたいと願う。青春出版社は本年創業五〇周年を迎えた。これは一重に長年に亘る多くの読者の熱いご支持の賜物である。社員一同深く感謝し、より一層世の中に希望と勇気の明るい光を放つ書籍を出版すべく、鋭意志すものである。

平成一七年　　刊行者　小澤源太郎

読者のみなさんへ

この本をお読みになって、特に感銘をもたれたところや、ご不満のあるところなど、忌憚のないご意見を当編集部あてにお送りください。

また、わたくしどもでは、みなさんの斬新なアイディアをお聞きしたいと思っています。

「私のアイディア」を生かしたいとお思いの方は、どしどしお寄せください。これからの企画にできるだけ反映させていきたいと考えています。

採用の分には、記念品を贈呈させていただきます。

なお、お寄せいただいた個人情報は編集企画のためにのみ利用させていただきます。

青春出版社　編集部

宇宙《うちゅう》で一番《いちばん》美《うつく》しい
周期表《しゅうきひょう》入門《にゅうもん》

青春新書
INTELLIGENCE

2007年12月15日　第1刷

著者　小《こ》谷《たに》太《た》郎《ろう》

発行者　小澤源太郎

責任編集　株式会社プライム涌光
電話　編集部　03(3203)2850

発行所　東京都新宿区若松町12番1号 〒162-0056　株式会社青春出版社
電話　営業部　03(3207)1916　振替番号　00190-7-98602

印刷・中央精版印刷　製本・豊友社

ISBN978-4-413-04187-4

こころ涌き立つ「知」の冒険！

青春新書
INTELLIGENCE

書名	著者	番号
仕事で差がつく Windows Vista	松本 剛	PI・169
これだけ知れば10年ＯＫ パソコンの基本ワザ！	コスモピア パソコンスクール［編］	PI・170
「団塊の世代」は月14万円使える!?	山崎伸治	PI・171
大人のための世界の「なぞなぞ」	稲葉茂勝	PI・172
武将が信じた神々と仏	八幡和郎［監修］	PI・173
舞台ウラの選挙 ”人の心“を最後に動かす決め手とは！	三浦博史	PI・174
日本人の縁起かつぎと厄払い	新谷尚紀	PI・175
日本人 数のしきたり	飯倉晴武［編著］	PI・176
ウソつきは数字を使う 情報の”裏のウラ“を読む力がつく本	加藤良平	PI・177
たった3行でわかる現代史	祝田秀全［監修］	PI・178
騙《だま》されるニッポン	ベンジャミン・フルフォード	PI・179
米中が鍵を握る東アジア情勢	浅井信雄	PI・180
日本人 礼儀作法のしきたり	飯倉晴武［監修］	PI・181
メジャーリーグに日本人が溢れる本当の理由	鈴村裕輔	PI・182
その話し方では若者は動きません！	福田 健	PI・183
翻訳者はウソをつく！	福光 潤	PI・184
身体の力を取り戻す奇跡の整体	中山隆嗣	PI・185
日本人が大切にしてきた季節の言葉	復本一郎	PI・186
宇宙で一番美しい周期表入門	小谷太郎	PI・187
「3つ星ガイド」をガイドする	山本益博	PI・188

※以下続刊

お願い ページわりの関係からここでは一部の既刊本しか掲載してありません。折り込みの出版案内もご参考にご覧ください。